拥抱一见倾心的生活

啊！料理

31个疗愈人生的提案

［日］Tassin志麻　著　　王菲　译

山东人民出版社·济南

料理温暖人生！

在日本，大家一般会在开饭前不约而同地双手合十喊道：“いただきます！（我开动了！）”吃过饭后也常表示感谢：“ごちそうさまでした！（多谢款待！）”在法国，去饭店吃饭时，厨师或服务员大都会微笑着对顾客说：“bon appétit！”顾客则会道一声：“merci（谢谢！）”“bon appétit”是什么意思呢？就是“请尽情享用”“请慢慢品尝”，或是“祝你吃得开心”。去别人家做客或朋友聚餐时，这两句话也频频入耳。

我个人感受最深的是，和法国人一起用餐时非常愉快，他们的确是把吃饭当作一件乐事，全身心沉浸其中，从容享受，虽然吃的都是些简单朴素的食物。另一方面，法国米其林三星餐厅中，也有尽显高雅奢华的精致料理。我在日本过调理师专门学校求学时初次“邂逅”雅俗兼具的法国料理，深深为其所具有的双面魅力折服。

花费许多时间辛辛苦苦做一桌大餐，如果大家吃得不开心，那么再美味的料理也会大打折扣。反之，简简单单做出来的食物，若大家吃得开怀，那么吃进口中的食物不仅会滋养身体，更能疗愈心灵。长期以来，我一直都在学习如何制作法国料理。除了食物，我也希望更多人能够关注和了解法国人的生活态度。

回顾过往的人生路程，绝不是一帆风顺的，有一段时期我都不敢跟家人或朋友提及自己从事的工作。如果时光倒回至五年前，我可能根本无法想象此刻执笔写作此书的场景。正是法国家庭料理的温暖，支撑着我一步步前行。幸运的是，途中我遇到的每一个人，都帮自己离心中的梦想越来越近。“料理家”和“上门料理人”，乍一听，你可能会觉得这两个工作领域似乎并不怎么相干，而对我来说，它们拥有一个共同点——均以料理为对象。

这本书在讲述自己前半生经历的同时，也记录了我在不同的工作中掌握的料理诀窍，以及个人的一些体悟絮语。从“妈妈牌煎饺”“卷纤煮”等故乡的味道，到法国家庭料理中的主角“西红柿奶油牛舌鱼”“西红柿炖羊肉”“婆婆亲传的法式咸派”，还有轻松完成的点心“龙马巧克力”“山药可丽饼”，一岁儿子最喜欢吃的“鸡肉蔬菜汤”……这31道料理都是在我一波三折的前半生生涯中尝到的、学到的并让人难以忘怀的食物，无一不承载着沉甸甸的回忆，激励着我乐观地面向未来、笑对生活。在一些略显专业的食谱里，我列举的部分食材可能很难买到，不过大都可以用身边常见的食材来代替。大家不妨试着做一下，说不定在家里就能轻松品尝到米其林大厨星级料理的味道。

我衷心希望捧起这本书的读者，能够喜欢上料理，发现料理制作过程中的乐趣，从容地享受用餐时光，借料理温暖人生。

Tassin 志麻

目录

Chapter 5 在料理世界里学习 …… 74

Chapter 6 沉浸在法语圈的日子 …… 89

Le Japon
2017

Chapter 8 上门料理人的工作 …… 136

＊温馨小贴士

本书中所提到的计量单位：1汤匙≈15毫升，1茶匙≈5毫升。每种食谱中标记的人数和分量都是大概数字，制作时请根据具体情况酌情调整。书中所用芥末酱是MAILLE（法国魅雅）家的Dijon mustard系列。市场上售卖的西式高汤料分卤块和颗粒两类，比较大众化的牌子就是AJINOMOTO（味之素），口味较多。

Chapter 1

家人教给我的事情

在大自然中成长

我出生在一个四周被大海和山岭环绕的渔村，并在那里长大。一到夏天，我便会和爸爸一起去海里游泳，或者去海边钓鱼、摘拾裙带菜、石花菜。一家人在微风吹拂的海边吃烧烤已成惯例，有时自己还会一个人去氤氲着大海气息的港口玩耍。

钓完鱼回来，妈妈便会将鱼解剖干净，做成新鲜的刺身，或是用酱油简单炖煮。如果去较远的外海，幸运的话，我们还能钓到小河豚，妈妈就会拿它们来做味噌汤。

小学的时候，上学途中，我常常会边走边欣赏水稻结穗、稻田模样渐变的景致；放学回家的路上，往往会三两下爬到树上摘柿子、无花果、枣子等吃。初春时节，就去山里采蕨、薇等野菜，或掐一把院子里自生的笔头菜，用酱油和砂糖微煮，品尝春天造访的味道。夏天就去摘山间自生的野草莓熬果酱，秋天就去山里拾板栗焖栗子饭，去水稻收割完后的河边拾取小贝壳。不论是生活中还是玩耍时，到处有大自然的身影。那时的自己就朦朦胧胧感觉到，大自然在孕育各种食材的同时，也催生了变化万千的料理。现在回想起来，童年的时光格外快乐，让人怀念，那些体验对自己来说无比珍贵。

后来与我缘分深厚的法国作为农业大国，食物和人及土地的联系也同样十分紧密，这一点让我很欣慰，平添了一份归属感。如今，生活在大城

我的老家长门市，每年都会介绍和表彰在各个方面比较优秀的小学生，我也曾有幸入选“点心制作小名家”（中间是我）。

市里，很难接触到纯粹的大自然。每次在超市看到应季的商品时，我都会不由得想起儿时的幸福时光。

妈妈的味道和引导

我家是由七口人组成的大家庭，曾奶奶、爷爷奶奶、父母、姐姐和我温馨热闹地生活在一起。妈妈心灵手巧，做什么都很在行，尤其擅长料理。虽是一名护士，但不用值夜班，所以每天都有时间为我们做各种各样可口的饭菜。妈妈凡事追求完美，有时会在下班后为我们动手包饺子，还时常翻阅料理书，不断尝试制作花样料理。当然，妈妈有一些自己的拿手菜。总之，在我的印象里，每次家里餐桌上摆的饭菜都很丰盛。

妈妈因工作忙碌，还要照顾家人，便让我们姐妹俩学着做饭，在我升入小学前，就开始教我们怎么握刀切菜。从记事起，每逢做饭时，我就在旁边帮妈妈打下手，耳濡目染间就对料理产生了浓厚的兴趣。

我有点笨手笨脚的，还不小心切到过手，惹得妈妈在一旁提心吊胆。不过，我从来不害怕握刀和点火，只记得做料理时整个人感觉非常兴奋。

至今仍记忆深刻的是，妈妈下班回家后常常包饺子。当然不是每次，只要有时间，她都会挑战尝试做新菜，无意间也把做饭的快乐传递给了我们。

01 妈妈牌煎饺

◆ 饺子皮

材料（24个）

低筋面粉 —— 100克
高筋面粉 —— 100克
盐 —— 一小撮
热水 —— 90～100毫升

◆ 饺子馅

材料（24个饺子的分量）

猪肉碎 —— 250克
白菜 —— 2～3片（150克）
韭菜 —— 一小把（50克）
蒜瓣 —— 1个
生姜 —— 1块
蚝油 —— 1匙
酱油 —— 半匙
料酒 —— 半匙
盐 —— 一小撮
胡椒粉 —— 适量
芝麻油 —— 1匙
水 —— 150毫升

这样做

1 用细网滤筛将全部的面粉轻轻筛入盆中，撒入一小撮盐。
2 每次分少量倒入热水，将面粉搅拌成絮状。
3 揉搓面团，直至表面变得光滑。
4 将面团用保鲜膜裹起来，放入冰箱里冷藏半小时到一小时。
5 用擀面杖擀出大小一致、厚薄均匀的饺子皮。
6 将白菜、韭菜切碎，拌入一小撮盐，揉搓片刻后暂时放置一旁。
7 将蒜瓣和生姜切成碎末，和猪肉碎一同放入盆中，加入耗油、酱油等调味料（芝麻油除外）搅拌。
8 将步骤**6**中的蔬菜水分挤净后，和步骤**7**中的食材混合均匀，馅料制作完成。
9 用饺子皮包裹馅料，捏好饺子皮。平底锅里倒入少量油，将包好的饺子摆入锅中。
10 先用小火将饺子表面煎至上色，再加入150毫升水，盖上锅盖，转中火蒸煎5分钟左右。
11 拿开锅盖，待锅中的水干后，淋上一圈芝麻油。
12 拿一个和平底锅口径大致相当的圆盘倒扣在锅里，翻过来后，色泽金黄的煎饺就出锅啦！

小贴士 为了让面团更劲道，面团需冷藏一段时间。用盐轻轻揉搓食材“杀水”，能够避免馅料水分过多，否则既不容易包，也影响饺子的口感。

要问原因的话，可能是妈妈做饭时全神贯注的投入和发自内心的愉悦在不知不觉间感染了自己。

妈妈的遗传因子

好奇心强、样样精通的妈妈教会了我们姐妹很多东西。料理自不必说，钢琴、画画、缝玩偶、编织等，只要是我们感兴趣的东西，她都会让我们去接触、尝试。她在教我们时，自己也乐在其中。有一年暑假，老师布置了画风景画的作业，妈妈陪我一起去海边写生时，自己也跟着画了起来。回去的路上，我的画不小心被风吹到了海里，便壮着胆子拿妈妈的画作交了作业……

有一次，我提出要参加英语等级考试，妈妈便跟着我一块学习，结果我没有合格，她却顺利通过考试。钢琴最初是妈妈教我弹的，之后我想认真学习，便去钢琴教室报了名。后来举办钢琴演奏会时，才发现并非学生的妈妈竟然也受邀登台表演，原来她私下偷偷地拼命练习着……我可能也遗传了妈妈的基因，虽然在心灵手巧的方面远远不如她，但当我下定决心想要做什么时，都会以九头牛也拉不回的气势全力以赴。

爸爸对我的影响

爸爸是一名公务员，性格温和，和蔼善良，常常不知不觉间就会跟我和姐姐的朋友打成一片。

每逢休息日，爸爸就会开车带着全家去不同的地方兜风游玩，让我们体验了很多事情。我的记性不太好，每当和家人叙往怀旧，提到去过哪儿时，我都会惊讶道："哦？去过那里？"虽然有很多不太记得的事情，但去参观日本点心博览会，跑很远去品尝鳄鱼肉和袋鼠肉，常去海边钓鱼并烤鱼吃……大凡跟吃有关的经历都历历在目。这些体验让我对食物产生了莫大的兴趣，也养成了从不挑食的习惯。我很幸运能成为他们的女儿。

山口县乡土料理：大和鱼糕、卷纤煮

提起故乡山口县的土特产，最有名的就要属下关一带的虎河豚了。

河豚有很多种类，当地超市卖的河豚非常便宜，生鱼片区也常会摆放一盘盘拼成花朵模样的河豚肉，粉中透白，惹人驻足。不过，每逢过年或值得庆祝的日子时，一家人还是会兴冲冲地专门去下关市场挑选天然的河豚。

位于我居住的山口县长门市旁边的萩市盛产传统陶器萩烧和夏橘。夏橘果皮厚实，酸味浓郁，清凉爽口，正好可以应对炎热的初夏。每年一到丰收时节，家里就会收到很多朋友赠送的夏橘。新摘的橘子放得越久酸味越淡，吃起来酸酸甜甜。夏橘直接剥着吃就很好吃，也可以榨成果汁，或兑着碳酸饮料、发泡酒喝，或做点心的配料。

山口县的特产除了虎河豚、夏橘，还有大和鱼糕。每次我回长门时，

02 卷纤煮

“卷纤煮”是山口县的乡土料理之一。虽然都是素食，但味道很好。以前在老家时常常吃，现在在东京很难品尝到。偶尔自己做着吃时，就感觉身心温暖。

材料（3～4人份）

白萝卜 —— 半根
胡萝卜 —— 1根
芋头 —— 3～4个
豆腐 —— 1块
出汁料包 —— 1袋
水 —— 300～400毫升
酱油 —— 3汤匙
味淋 —— 1汤匙
砂糖 —— 1汤匙
色拉油 —— 1汤匙

这样做——

1 将白萝卜、胡萝卜、芋头切成扇形片状。
2 往锅中倒入色拉油，将步骤1中的食材放进去并翻炒，用手将豆腐揪成块儿添入锅中。
3 放入出汁料包、水、酱油、味淋、砂糖，炖煮至水分减少到1/3，待食材熟透后便可装盘。

小贴士 先用热油将食材略微翻炒，做出来的味道更鲜美。

一定会买些大和鱼糕带回城里。大和鱼糕是用当天一早捕获的鳕鱼（白鱼肉）制作的，100%纯鱼肉，无任何添加剂。如果海上波涛汹涌，渔民便无法出海打鱼。回老家若碰到恶劣天气，我就会担心是否能买到鱼糕。我的丈夫罗曼是法国人，特别喜欢吃大和鱼糕。因为老家离海边很近，海产品十分丰富，像瓶装海胆、沙丁鱼干、裙带菜、海鲜干货，等等，足以让人眼花缭乱。每次我回老家时，丈夫都盼着我带回很多特产。

山口县的乡土料理不太为人所知，但有一道菜我很喜欢，叫“卷纤煮”。这道菜属于精进料理（日本素斋），用白萝卜、胡萝卜、芋头、豆腐等炖煮而成。做法和选用食材多种多样，但妈妈的做法最简单，即便我已经长大成人，仍经常会因想吃而制作。

记忆中的外婆

小时候，因为父母工作忙，所以总是外婆来幼儿园接我回家，很多时间我都是和外婆一起度过的。

外婆一个人住在妈妈老家一座带庭院的房子里，是一位颇懂风雅的长辈。她曾教会我很多事情，像插花，画水墨画、水彩画，弹大正琴，唱传统谣曲……偶尔还会邀我与友人一起玩花牌。

在我升入小学后，全家搬到了离外婆家比较远的地方。但到高中毕业前，一有空我便会去外婆家小住。比起和同龄人一起玩耍，我觉得待在外婆身边好像更开心。外婆的生活别致优雅，我打心底里尊敬她。

在辻调理师专门学校上学期间，正月回老家探亲时，我和母亲（右）、外婆（左）的合影。

外婆的味道

妈妈一下班就会马上来接我和姐姐回家，所以在外婆家吃晚饭的机会并不多。尽管如此，“外婆的味道”仍深深铭刻在了我的记忆中，其中最具代表性的便是烤牛排和红烧菜。每年新年头两天，我们去外婆家团聚时，都能尝到这两道菜。家人回忆起外婆时也常会提到红烧菜，就连擅长料理的妈妈至今仍然感叹：“你外婆做的味道，我好像永远都赶不上啊！”我至今还清楚地记得，外婆一个人坐在厨房里注视着我们吃饭的模样，脸上洋溢着幸福的笑容。我很喜欢外婆，她是这个世界上我最爱的人。

外婆永远离开了

高中毕业后，我便离开故乡到大城市学习料理，很少回家，和外婆渐渐地不怎么见面了。人生中最重要的20岁也是一个人在遥远的法国度过。次年回国后，我穿上和服补拍了成人纪念照，然后就迫不及待地去探望外婆。那时的外婆已很健忘，看到我时一下子没有认出来，我便喊了一句：“您的志麻回来了！”话音未落，两行热泪便从外婆眼里流了出来，外婆激动地说道：“好不容易把你盼回来了啊……很漂亮，很漂亮……”

从法国留学归来后，我开始在东京的一家餐厅工作。第一年趁冬假回老家探亲时，得知外婆生病住院了。母女三人一起去医院看望时，外婆正躺在病床上，因为疾病的折磨，整个人显得瘦弱无力。

离开病房前，妈妈低声对我说："握一下外婆的手吧。"我便照着吩咐去做了，不知道外婆是否知道是她最爱的志麻。就在握起手的一瞬间，意想不到的冰冷和绵软的触感让我大为吃惊，未曾多想便松开了手。坐在回家的车中，心情难以言喻，一路沉默无言。

几个月后，当我正在工作的法国餐厅里吃饭时，突然接到了爸爸的电话："你外婆刚刚去世了，打算周日办葬礼……"

挂断电话后，我便跟主厨说明了情况，说完后已是泪流满面，只记得我靠在店里一位服务员女前辈的肩上哭了好久好久。最后，主厨跟我说："我这就给你订机票，你赶紧回去。"

店里恰好周日不营业，当天一早我便乘第一趟航班回到了山口老家。当我抵达机场时，天空下起了大雨。葬礼上，我哭得昏天暗地。

"为什么那个时候我放手了呢？"我很后悔数月前没有好好握紧外婆的手。外婆的葬礼结束后，天空猛然放晴，蔚蓝的苍穹中没有一丝云彩。

因为第二天仍要工作，葬礼结束后，我便乘最后一趟航班回到了东京，但悲痛不已，每每想起外婆时便涕泪横流。前辈见到我这副模样后，安慰我说："你回山口时下雨，回东京时雨停了，你外婆的心情肯定和天气一样，不想让她的小志麻为她太难过。"

从那以后，我总觉得外婆在天上看着我。遇到什么事情时，我会仰望天空，希望能和外婆再说说话……

03 外婆的红烧菜

外婆做的红烧菜使用了大量味道鲜美的出汁，
熬煮后的汤汁浓郁香甜。

材料（4人份）

莲藕 —— 150克
胡萝卜 —— 1根
牛蒡 —— 半根
芋头 —— 250克
竹笋 —— 1根
鸡腿肉 —— 250克
魔芋 —— 1块
荷兰豆 —— 10根
干香菇 —— 4～5个
昆布 —— 1片
酒 —— 2匙
砂糖 —— 1.5匙
盐 —— 1茶匙
味淋 —— 1匙
水 —— 适量
酱油 —— 1匙

这样做——

1 将蔬菜、鸡肉切成适合食用的大小，干香菇、昆布提前用水泡发。
2 起锅烧水，待煮沸后，按照食材的软硬程度依次加入蔬菜、鸡肉，煮1～2分钟。
3 将泡好的香菇、昆布连同泡发的水，酒、砂糖、盐、味淋倒入锅中，使水正好没过食材，沸腾后加入预先煮好的蔬菜、鸡肉，继续煮至汤汁收汁。
4 最后淋上酱油，增香提味。

小贴士 为防止预煮过的食材煮烂，调味时尽量要迅速。

龙马巧克力

“你年轻时有喜欢的偶像吗？”每当别人问我时，我便会毫不迟疑地脱口而出：“坂本龙马和迈克尔·杰克逊。”

有一次，我在朋友家中无意间读到一本叫《喂！龙马》的漫画，就莫名成了龙马的粉丝。从那以后，我就广泛阅读龙马的书，还租过很多DVD影片，对龙马无比崇敬与喜爱。

高中三年级的2月，我决定要送给龙马一份自己亲手做的巧克力。当我在厨房里忙活时，结束工作的妈妈正好回到了家。看到我兴冲冲地制作巧克力的样子，妈妈一定在想：“肯定是送给哪个男孩子的。”不过，她并没有说什么，而是装作毫不在意的样子走了过去。

巧克力做好后，我却一时不知道该寄到哪里，便试着给高知县立坂本龙马纪念馆打了电话咨询。接待处的姐姐善解人意，她建议我，将巧克力寄往龙马先生的墓地。道过谢后，我便写好信，并迅速把巧克力包好寄出。

几天后，我收到了一张明信片，被告知巧克力已放在了龙马先生的墓前，并对我表示了感谢。明信片恰巧被妈妈看到，“志麻你！！那个巧克力竟然是送给龙马先生的？！”妈妈一脸无语地说。

04

龙马巧克力

材料很简单，只有焦糖杏仁和巧克力。煎炒过的杏仁，味道浓郁芳香。如果你喜欢甜食，也可以用牛奶巧克力来做。

材料（40～50个的分量）

杏仁（烘烤后）—— 50克
砂糖 —— 2匙
黄油 —— 1匙
巧克力 —— 150克
（相当于3块巧克力）
咖啡粉 —— 1匙

小贴士 巧克力液多次少量放入，然后搅拌，搅拌过程中它会再次凝固。凝固后，我们继续倒入剩余的巧克力液，巧克力就会逐渐变厚。

这样做——

1 将杏仁放入平底锅中后，开火加热。
2 待锅热后，边轻轻翻炒杏仁边加砂糖，待砂糖融化后继续翻炒，待杏仁变为焦糖色即可。
3 加入黄油，弄干水分。
4 在比较平展的地方铺上锡纸，将焦糖杏仁均匀摆好冷却。
5 焦糖杏仁冷却后，一粒粒分开放入盆中，再将整个盆子放入装有冰水的大盆中，利用水温软化焦糖后，将巧克力液分5次倒在杏仁上，使之和杏仁充分融合。
6 做好后均匀撒上咖啡粉。

迈克尔·杰克逊

除了龙马先生外，我当时还深深着迷于迈克尔·杰克逊，总是窝在房间里听他的歌，看录像。在上高中时，我听说东京迪士尼乐园由迈克尔·杰克逊主演的《伊奥船长》要停止播放，尽管住在乡下，但是一个人进行了反对废止的签名运动。

当时网络通信还未普及，我主要是通过写信和住在城市里的人交流信息。数年后的某一天，我正在店里工作时，早间新闻报道了迈克尔·杰克逊去世的消息。当我告诉主厨时，腹部突然一阵剧痛，一时间无法动弹。疼痛过于猛烈，黏腻的汗珠不断地从额头上冒出来，整个人感觉像是快要昏过去一般。

在店里待了半小时后，我的身体仍不能动弹，最后我在众人的帮助下打车去了医院。医生说："这是由极度紧张引起的内脏痉挛，发生什么事了吗？""嗯，迈、迈克尔……"我泪流不止。

过了一段时间，又逢休息日时，我去理发店，对理发师说："请帮我剪个和迈克尔·杰克逊一样的发型。"那是我人生中第二次烫发。我平时从不化妆，拼命工作，妈妈经常提醒我："不要忘记你是女孩子啊！"所以，当我顶着迈克尔·杰克逊的发型回老家探亲时，妈妈十分惊喜："哟，志麻终于长大了！"可一听到我的解释，她立刻又露出了一副不屑的样子。

妈妈虽然经常拿我开玩笑，但始终在一旁守护着自己。

从高中毕业不久“邂逅”法国料理以来，我的人生绝不是一帆风顺的，我碰过很多次壁，也曾苦恼过，有时也会选择逃避。然而，家人却从不干涉我，只是相信并守护着我，给了我莫大的选择空间，这对我来说是十分难得且珍贵的。

Chapter 2

与法国料理相遇

进入辻调理师专门学校

临近高中毕业时，我遇到了人生的第一个岔路口。虽然就读于重点高中，但我并不打算去读大学。我不太喜欢学习，也不愿意参加入学考试。当时我一心一意想的是，学一门手艺，靠双手养活自己。

我自小喜欢料理，或许是受外婆的影响，对日本文化也很感兴趣，想成为一名和食料理家。下定决心后，我便向辻调理师专门学校递交了申请资料。

就在高中毕业前夕，指导老师对我说："志麻，专业料理人的世界并非想象得那么轻松，滚烫的平底锅随时可能会飞到你头上，真的做好心理准备了吗？""是的，老师，我心意已决。"当时，自己只觉得吃些苦头是理所当然的。

今天的专业厨师领域常被认为过于严格，而当时的料理界是男性社会，严厉艰苦是再自然不过的事情。相反，这倒激起了我的斗志：我要比别人更努力，争取练就一手好厨艺。

辻调理师专门学校位于大阪阿倍野一带，比我大两岁的姐姐当时正好在大阪读大学，一个人租房生活，我便住到了姐姐那里，每天坐一个小时的车去上课。在学校里的每一天都很充实，学习劲头高涨，我每次都争着坐在前排，专心致志地听课。

在那里，我见到了意大利料理、法国料理、东南亚民族料理等各具风情与特色的料理种类。我原本打算在和食领域闯出一番天地，但在初次品尝到法国料理的瞬间，心灵受到了巨大的震撼。对于出身田舍的我来说，那些味道既陌生又新鲜，深深刺激和挑逗着我的味蕾。法国不同地方的料理及各自所拥有的深厚历史，也吸引着我不断想去深入了解。

平日里吃惯的煎猪肉竟然能变成另一番味道，第一次尝到的西红柿炖羊肉、自制蛋黄酱是如此美味……每一道料理都深深地印在我的脑海中。然而，不只是法国料理，在学校里习得的不同国家的料理基础，对想成为料理家的我来说，都是不可或缺的宝贵财富。

现在我一般是在自家或别人家里做饭，虽然做得不像餐厅那样正宗，但弄清楚各国料理的差异和要点，哪怕材料不全，也能做出风味相似的料理。

各国料理的差异

法国家庭平时吃的大都是本土料理，而不是像日本人那样，在家里就能轻易吃到各种各样的异国料理。相比之下，我不由得感叹：能在家吃到不同风味的料理，真的要感谢上天的眷顾。

即使很难记住大量的食谱，但是我们只要记住各国料理的主要特色和关键的烹饪诀窍，就能让经常做的料理“与众不同”。

各国料理的特点和烹饪诀窍

韩国料理

韩国料理常会用到大酱、香油、辣椒、生姜、大蒜等调味料和蔬菜，风味丰富浓郁。最近，很多喜欢吃韩国料理的人，家里也开始常备韩国产的牛骨高汤粉。它不仅可以用来炖汤，也能在做韩国烤肉、炒年糕、杂拌凉菜时使用。

印度料理

印度因宗教和地区语言的不同，而催生出多种多样的料理。印度料理最普遍的特征就是经常使用香辛料。一个印度朋友说："印度人在做饭时，常常会使用好多种香辛料。"但我们要买齐所有的香辛料似乎不大可能，而且平时不怎么用的话，一下子买很多也容易受潮变质。所以，我推荐大家常备几种自己中意的香辛料。

做咖喱饭时，很多人一般会使用咖喱块，其实还可以用咖喱粉。炒菜、煎烤、凉拌菜时，随便放一些，味道立马大大不同。

香辛料小知识

孜然 孜然芹的果实，和肉食料理、西红柿料理食性相宜。

香菜粉 用香菜的叶子和种子晒干制成的粉末，能去除肉腥味。

肉桂 香味微甜，散发着异域气息，常用来烘烤点心或去肉腥。

豆蔻 散发着一股清爽的香气。

印度咖喱粉 混合香辛料，一般含有桂皮、丁香、肉豆蔻等。

姜黄 温和辛香，可为料理"增香添色"。咖喱饭、黄油炒饭、椰浆，以及牛奶、酸奶、奶酪、黄油等乳制品中常常会用到。

意大利料理

一提起意大利料理，很多人就会想到意大利面、比萨，那它有什么味道特征呢？橄榄油、柠檬、意大利香醋、掺有大蒜的番茄酱、罗勒、橄榄果等都可以使用。用盐简单煎烤的鱼肉，只要浇上番茄酱，点缀几片罗勒叶，或淋上些橄榄油、意大利香醋，再摆上一块柠檬，就能“变身”为意大利风料理。

法国料理

说到法国料理，可能有些人认为，肯定会有大量的黄油、淡奶油，而且制作难度大。特别是，法国料理中常会用到我们吃不习惯的兔肉、蛙肉、蜗牛肉，而像烤土豆块这种我们熟悉的食物经常只是被用来装点餐盘。

不过，历史悠久的法国料理，随着社会的发展也在不断改变，更加多样。食谱五花八门，我们想做时往往不知道该准备些什么材料，但基本的调味只有盐和胡椒粉。

做炖煮料理时，最好有西式高汤，也常用到葡萄酒。好在不难买到，最近超市里不仅卖料理专用葡萄酒，还有便宜的瓶装葡萄酒。大家不妨试着用葡萄酒做一次法式炖煮料理，或是用烤箱直接烤大块的肉，味道都很不错。

东南亚民族料理

鱼露是泰国料理中不可或缺的调味酱汁，给平日常做的汤品、拌菜、生鸡蛋拌饭淋上一些的话，饭菜就会变得别有一番滋味。若是你喜欢香菜的话，可以加一点，更能突显民族风味。如果你吃不惯鱼露，又特别想品尝一下泰式料理，那么可以往酱油里放些大蒜或挤些柠檬汁，只要稍微发甜，就能尝到和鱼露差不多的味道。

香菜不仅用于泰国料理中，而且在中华料理、墨西哥料理等中都有使用。讨厌香菜的人，不妨往肉丸或沙拉里放些薄荷、芹菜叶，也能品尝到与平日不同的异国风味。

05 法式煎猪肉

它是我初次遇到法国料理时最先尝到的一道美食，非常好吃。酱汁带酸味，和猪肉很搭，味道极其鲜美。

材料（4人份）

厚里脊肉 —— 4片
洋葱 —— 半个
白葡萄酒 —— 200毫升
法式牛骨高汤 —— 200毫升（可用西式高汤卤块或颗粒代替）
西红柿 —— 1个
腌小黄瓜（法式腌黄瓜，也可用藠头代替）—— 40克
玉米淀粉（或普通淀粉）—— 1汤匙
黄油 —— 20克
盐、胡椒粉 —— 各适量
芥末酱 —— 1汤匙

小贴士 如果煎好的肉放凉了，就把肉放入酱汁中略微加热。买不到法式腌黄瓜的话，大家尽量选择甜味稍淡微酸的食材代替，这样吃起来比较清爽。

这样做——

1 往平底锅里放入10克黄油，开火煎猪肉（注意不要煎太过，以免猪肉变硬），觉得差不多煎熟后就出锅。
2 将洋葱切成碎块，用剩下的10克黄油翻炒至透明状。
3 倒入白葡萄酒，熬煮至水分只剩一半。
4 添入法式牛骨高汤（我这里是用高汤卤块和水来代替）、西红柿块（去籽）、腌小黄瓜丝，再用玉米淀粉（我这里用的是普通淀粉）勾芡。
5 撒入盐、胡椒粉调味，关火，加入芥末酱。
6 将煎好的猪肉摆入盘中，浇上酱汁。

06 西红柿炖羊肉

最近，我在超市里常常能见到羊肉。羊肉膻味较重，通常都是煎烤着吃。不过，若是和白葡萄酒、西红柿一起炖煮，羊肉会更柔嫩多汁，十分美味，可以搭配蔬菜。

材料（4人份）

山羊肉（羊腿肉或较大的肉块均可）—— 800克
洋葱 —— 半个
胡萝卜 —— 半根
蒜瓣 —— 2个
面粉 —— 20克
白葡萄酒 —— 200毫升
西红柿 —— 1个
番茄泥 —— 100毫升
水 —— 800～1000毫升
西式高汤卤块 —— 2个
百里香 —— 一小撮
月桂叶 —— 1片
玉米淀粉（也可用普通淀粉）—— 1勺
黄油 —— 10克
盐、胡椒粉 —— 各适量

腥膻味较重的羊肉和白葡萄酒、西红柿食性相宜，一同炖煮的话味道很不错。

◆搭配蔬菜
胡萝卜 —— 1根
土豆 —— 2个
芜菁 —— 2个
小洋葱 —— 8个（普通洋葱1个）
芸豆角 —— 6根

这样做——

1 将羊肉切成一口大小的块状。
2 给切好的羊肉块均匀撒上盐、胡椒粉，用平底锅煎至表面上色，盛出并控干油分。
3 平底锅无须清洗，直接放入黄油及切成一口大小的洋葱、胡萝卜，蒜瓣切成两半也放进去，稍微翻炒后撒入面粉。
4 将控过油的羊肉、白葡萄酒、西红柿块、番茄泥放入平底锅，加入水、高汤卤块、百里香、月桂叶，炖煮30～40分钟。
5 取出羊肉，剩余的汤汁用滤网或滤筛过滤后再稍微熬煮收汁。
6 搅入用水稀释后的玉米淀粉（这里用普通淀粉）勾芡，将羊肉重新回锅加热。
7 将胡萝卜、土豆、芜菁切成大小均匀的块状，小洋葱去皮，芸豆角切成合适的长度。
8 切好的蔬菜用水煮熟后，加入羊肉汤中。

07

自制蛋黄酱

虽然蛋黄酱在市场上有售，但很多法国人偏爱自己动手制作。自制的蛋黄酱鲜美柔滑，非常适合搭配水煮蔬菜或肉食。

鸡蛋和色拉油都是常温的话，想失败都很难。

材料（250毫升左右的量）

蛋黄 —— 1个
芥末酱 —— 1匙
醋 —— 1/2匙
盐、胡椒粉 —— 适量
色拉油 —— 200毫升

这样做——

1 将蛋黄放入碗中。
2 加入芥末酱、醋、盐、胡椒粉，搅匀。
3 一点点淋入色拉油，边淋边搅拌，几分钟就可大功告成。

不小心失败时的5个“紧急抢救”办法

1 取1汤匙做得比较成功的蛋黄酱放入碗中，将做失败的蛋黄酱一点点加进去，边加边搅拌。
2 往碗中打入1个蛋黄，将做失败的蛋黄酱一点点加进去，边加边搅拌。
3 往碗中倒入1汤匙水，将做失败的蛋黄酱一点点加进去，边加边搅拌。（注意加水的话蛋黄酱容易变质。）
4 将做失败的蛋黄酱静置30分钟左右，撇净表面分离出来的油分，再试着搅拌1次（比较花时间）。
5 每次分别取1汤匙水和做失败的蛋黄酱，放入碗中，充分搅拌，搅拌好后再依同样的分量重复相同的步骤（味道可能会有变化）。

上学时做的笔记

求学时，授课老师除了教怎么解剖常见的鸡、鱼外，还会很详细地教学生怎么分解兔子。

その他

Date No.

☆lievreの皮のはぎかた

1 足首に切り目を入れて頭に向かってはぐ
腹に注意!

2 全部むけたら内臓を切らないよう腹をさき　手,足先,あたまはおとす!
腸をとりだす。内部の膜をさいて,血とじん臓,肺を
取りだし,ボールに入れてとっておく。

3. 1度きれいに洗う・よくふきとる.

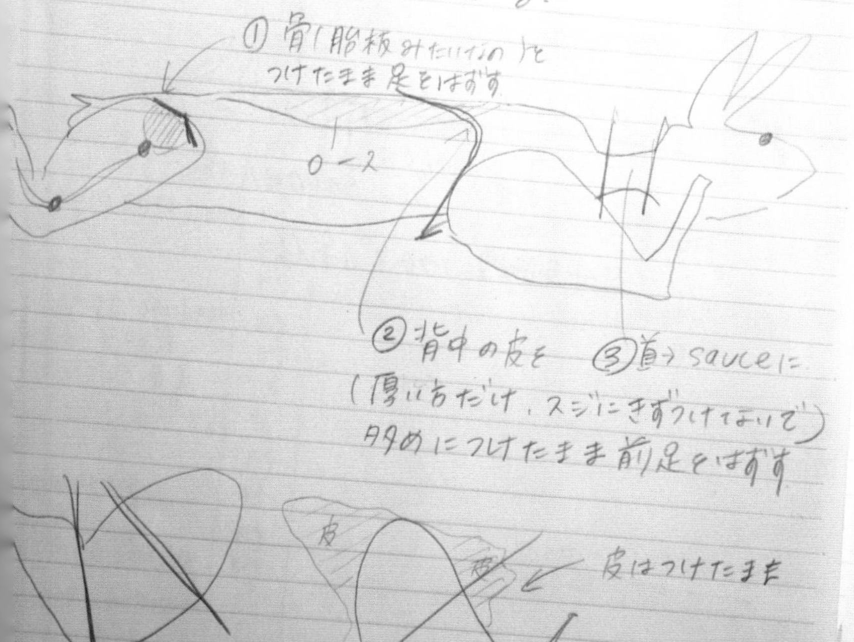

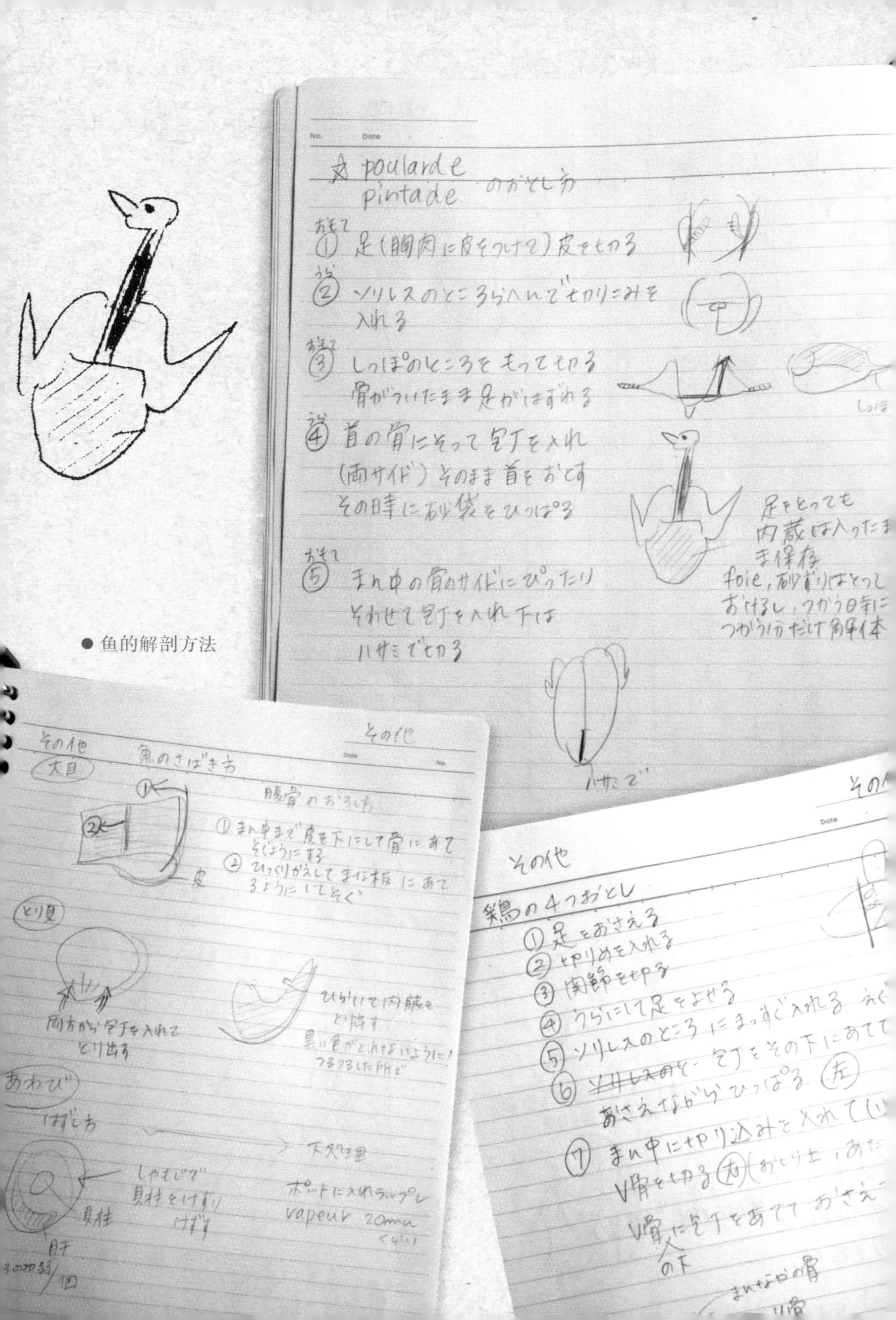
poularde
pintade のおとし方
おもて
① 足（胸肉に皮をつけて）皮を切る
うら
② ソリレスのところへ入れて切りこみを入れる
おもて
③ しっぽのところをもって切る
骨がついたまま足がはずれる
しっぽ
うら
④ 首の骨にそって包丁を入れ
（両サイド）そのまま首をおとす
その時に砂袋をひっぱる
おもて
⑤ まん中の骨のサイドにぴったり
そわせて包丁を入れ下は
ハサミで切る
ハサミで
その他
魚のさばき方
腹骨のおろし方
① まん中まで皮を下にして骨にあてそぐようにする
② ひっくりかえしてまな板にあてるようにしてそぐ
皮
とり貝
両方から包丁を入れてとり出す
ひらいて内臓をとり除す
黒い色がとれないように！
あわび
はずし方
下処理
しゃもじで貝柱をけずりはずす
貝柱
肝
ポットに入れラップし
vapeur 20min
くらい
その他
鶏の4つおとし
① 足をおさえる
② 切りめを入れる
③ 関節を切る
④ うらにして足をよせる
⑤ ソリレスのところにまっすぐ入れる
⑦ まん中に切り込みを入れて
V骨を切る

● 鱼的解剖方法

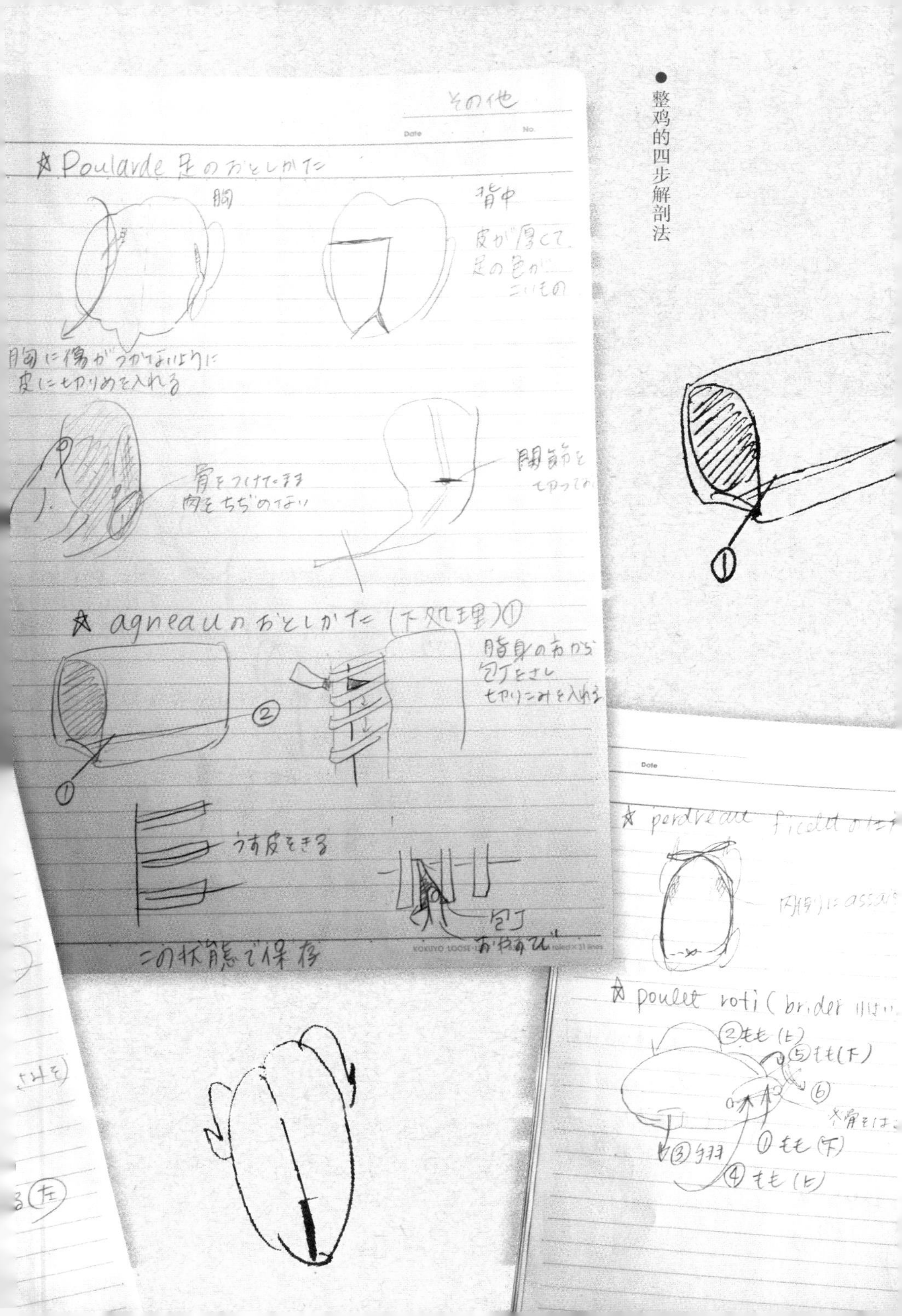
その他
☆Poularde 足のおとしかた
胸
背中
皮が厚くて
足の色がこいもの
胸に傷がつかないように
皮にきりめを入れる
骨をつけたまま
肉をちぎらない
関節を
☆agneauのおとしかた（下処理）①
脂身の方から
包丁をさし
きりこみを入れる
うす皮をきる
包丁
この状態で保存
☆poulet roti（brider
②もも（上）
⑤もも（下）
⑥
③手羽
①もも（下）
④もも（上）

●整鸡的四步解剖法

这本笔记是上学时做的，现在我还时常会翻阅学习。

想去法国学习料理

进入辻调理师专门学校后的几个月里，我的心便完全从和食转移到了法国料理上。一到周末或空闲时，我就会“泡”在图书馆，阅读法国料理的书籍和资料。

正好那个时候，通过爸爸的介绍，我认识了一位毕业于辻调理师专门学校法国分校的前辈。聊过天后，我便立下了要在第二年去法国留学的目标。前辈送给了我一本很厚的书，是他在法国分校就读时用过的教科书。每天从学校回到家后，我都会边翻字典边摘抄笔记，慢慢地就记住了料理用语的法文表达。

除上课听讲外，我还找了一份零工，坚持自己挣钱去语言学校学习法语。回想起来，离开父母和家乡后，生活得非常自由，想玩的话就尽情去玩，没有人会阻拦。但我始终沉迷于学习法国料理，一天也从未中断，就这样，很快便迎来了毕业典礼。

法国料理专用术语

我学习法语时下了很大的功夫，但其实在日常生活中我们经常能见到或听到法语。店铺的名字、衣服或包包上的标记，可能或多或少都有用到法语。当然，有些可能只是纯粹的法语字母罗列，并无实际内涵，就像外国人穿着印有让人感觉莫名其妙的日文T恤、刺着没有任何意义的汉字模样的文身一样。

料理用语也一样，像我们平日里常会说到的“sauter”（煎）或“marinade”（腌制）等，其实都来自法语，只是具体是什么意思，可能很少有人知道。难得有机会，我就列举几个在餐厅菜单上常常能见到的法文烹饪专用术语，大家共同来学习一下吧。

烹饪方法

moyen de cuisson

◆ 烤（**rôtir**）

将大块的肉、整鸡等用烤箱（或旋转式烘烤机）烘烤。在烘烤上色的同时，也要注意将肉烤透，时不时淋些油防止表面烤干。

◆ 蒸烤（**poêler**）

Poêler（蒸烤）应该是来自意为平底锅的法语poêle。一般被认为用平底锅盖上锅盖蒸烤，但原本其实是指将锅带食物整个放入烤箱中烘烤，这样的话，火候不会过于猛烈，也可以利用锅中聚集的蒸汽将食物烹饪得更入味。

◆ 煎（**sauter**）

通常指用平底锅或锅具慢慢煎炒，给食物裹上面粉或面包糠用少量油煎炸也可算这一类。

◆ 烤鱼架炙烤（**griller**）

放在铁网上用炭火直烤，或利用铁板高温炙烤。食物能够均匀上色，多余的水分或脂肪也会滴落出来，烤好后外焦里嫩。

◆ 炸（**frire**）

直接放入油中炸，或裹上面粉、面包糠后再炸制。

◆ 煮（**pocher**）

用热水或放有高汤的汤汁来煮。较硬的肉适合凉水下锅。鱼肉的话，先放入锅中加入半没食材的水烧开后，再用烤箱加热至熟透，这样做出来会更鲜嫩。

◆ 焖（**braiser**）

往密闭容器中加入少许水，用小火慢煮。如果是肉，先用平底锅等将肉表面煎上色后再放水煮。

◆ 炖（**rogout**）

用面粉、淀粉等勾芡熬煮，直接将带食物的锅具放入烤箱烘烤的话，锅底因不接触直火不易焦煳，食材也不会因炖煮时间过长而煮烂。

Chapter 3

去法国留学

进入憧憬已久的法国分校

等前往法国留学的结果定下来后，我便迅速制订了出国计划。恨不得马上出发的自己，等不及待同行伙伴们聚齐后集体行动，一个人提前数天经由意大利，顺利到达辻调理师专门学校法国分校。

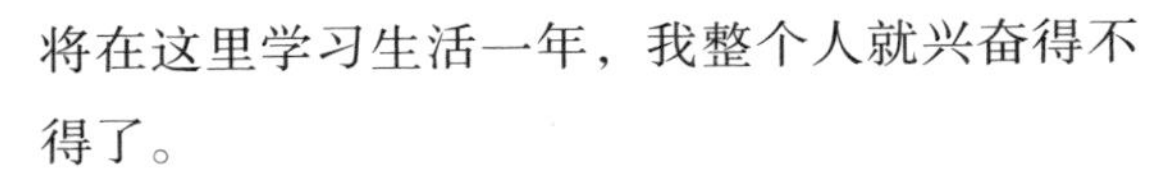

展现在眼前的世界犹如梦境，城堡高大森严，庭院漂亮敞阔。想到即将在这里学习生活一年，我整个人就兴奋得不得了。

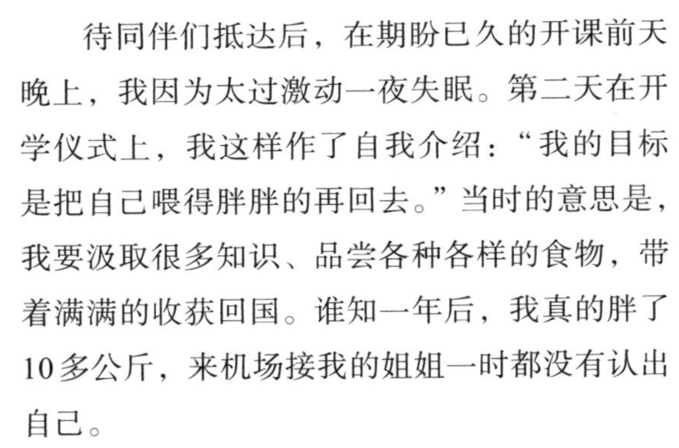

待同伴们抵达后，在期盼已久的开课前天晚上，我因为太过激动一夜失眠。第二天在开学仪式上，我这样作了自我介绍：“我的目标是把自己喂得胖胖的再回去。”当时的意思是，我要汲取很多知识、品尝各种各样的食物，带着满满的收获回国。谁知一年后，我真的胖了10多公斤，来机场接我的姐姐一时都没有认出自己。

法国分校位于里昂附近一座叫列尔格的小村庄里。留学期限为一年，在学校里学习半年后，有意向的人可以参加半年的研修。可是，近60名的同伴都很聪明能干，只有我很笨拙，感觉自己远远落后了。每次测试时，我成绩不错的只有学习了近一年的法语和学科知识，最重要的实际技能测试总是得分很低。

一次的测试任务是为要烘烤的整鸡封肚，在规定的时间内只有我一个人没有做到。当时自己感到万分羞愧，自觉实在笨拙不堪，心中很不是滋味，甚至老师都惊讶道："为什么你做不到呢？"我做什么都很笨拙，这一点到现在也没有改变，所以我时刻提醒自己，必须要比别人更加努力才行。

法国第二大城市——里昂

里昂坐落于索恩河和塞纳河交汇处，是一座拥有2000多年历史的古老城市，既有优美的自然风光与人文景致，又是著名的美食之都。留学期间，由于学校与研修餐厅离里昂都很近，我经常去那里参观游玩。如果说流光溢彩的首都巴黎让人感到刺激与兴奋，那么静谧肃穆的里昂可以让人身心放松，悄悄舒上一口气，还能满足馋虫们的味蕾。

里昂的观光名胜数不胜数，你可以踏着青石板徘徊穿梭于保留着中世纪街景风貌的街巷，或乘坐缓缓行驶的缆车眺望位于富维耶山上的富维耶圣母院，或去有着"保罗·博古斯市场"别称的大型中央市场转转……多姿多彩的风景，让人流连忘返。

我曾在城里的大众餐馆品尝过数种当地料理，比如裹着面包糠煎烤的牛肚，塞有猪血和肥肉的血肠，用狗鱼的绞肉蒸制的可内乐。这些料理外

里昂街景一隅

观虽然普通，却是让人安心的美味。体格魁梧的法国人围坐在铺着方格桌布的餐桌旁，开心地享用美食的场景令我印象深刻。

20世纪初，由于产业发展和第一次世界大战爆发，男人们被动员离家，只剩下女人们守在故乡经营餐厅。她们将普通的家庭料理和新兴市民阶层的料理相融合，创造出了简朴优质的料理。其中由著名的法国女料理家尤吉尼·布拉齐尔（Eugénie Brazier，1895～1927）的创办的La mère Brazier（布拉齐尔妈妈）餐厅闻名遐迩，至今仍在营业。里昂郊外的三星级餐厅主厨保罗·博古斯（Paul Bocuse，1926～2018）就出自尤吉尼·布拉齐尔的门下。在永井荷风《法国物语》、远藤周作《法国的大学生》等作品中，里昂这座城市时见“登场”。

法国分校的课程

法国分校位于一座叫埃克莱尔（Château de lÉclair）的城堡里。清晨时分，学员们一起在食堂里吃早餐、开早会。餐桌上摆着糕点师烤的面包及自制的果酱，大家一边喝着拿铁咖啡一边随意享用。

窗外是一片广阔的庭院，偶尔还会有兔子闯入。这里的生活看起来很优雅，但对我来说，每天都充满了挑战。我经常会在喝咖啡时暗自忐忑：“今天一天是否会顺利呢？”

通常做料理的前一天，我会和同组成员讨论到深夜，睡前不停地在脑海里想象第二天的画面、流程。即使是现在，我也没有改掉容易紧张

左数第三个是我

的坏习惯。当时身边的伙伴都很优秀，自己又不愿落后于人，只能拼命努力。

除了日常的课程外，学校还会邀请葡萄酒、奶酪专家或知名主厨，定期来讲课。有时，我们还会去不同的工厂参观学习，或是喊上伙伴外出寻访美食。

我住的宿舍是四人间，书桌旁的窗户边长着一棵高大的菩提树。我很喜欢在桌子上学习，疲惫时就抬头望望大树。周末的时间可自由支配，有人去踢足球、打网球，晚上大家会躺在院子里的草地上看星星。和同伴们互相切磋技艺、畅聊梦想，是我最享受也最开心的时刻。

每到学期末，我们要自己决定菜单并亲手制作原创料理，然后邀请曾辛勤指导我们的老师和村民们品尝。

学校的自炊伙食

法国分校分为料理和糕点两大部门，我所在的料理部共有四个班级。学校设有对外开放的餐厅，一周的安排也很详细，我们每天都有要承担的任务，像制作料理、服务接待、食材预处理等。

我起初只能做些经典的简单料理，后来慢慢尝试制作精制的、对厨艺

毕业前夕，学员要亲手制作料理招待老师和村民们，饭后听取大家用餐的感想。

要求较高的料理。不过，在所有食物中，我最喜欢吃自炊伙食。

轮到制作料理或服务接待的当天，大家不会吃餐厅里提供的食物，而是吃厨师做的伙食。摆在大托盘里的烤鸡、随意盛放的炖煮料理、葡萄酒蒸牛舌鱼、奶油炖鸡等，都是我爱吃的食物，吃到时，紧张的身心也仿佛顿时轻松。

当时大家志在高远，都想成为一流的料理家、从事一流的工作。我虽然喜欢吃朴实无华的伙食，但在那种氛围下很不好意思开口，便一直偷偷藏在心底，从未对别人提起过。

每逢周末，留在城堡里的学生要轮番选一个人担任临时厨师，为其他人做饭。刚开始数个月里规定只做法国料理，到后来就不分西式、中式、日式餐了。偏偏自己很倔强："好不容易来趟法国，我才不愿意去吃在国内常吃的和食呢。"所以，我经常一个人到村里的面包店买面包、火腿、奶酪吃，惹得老师频频"劝导"："偶尔也来和大家一块吃饭嘛！"

志麻与法国分校恩师们的合影

08 香草烤鸡

材料（4人份）

整鸡 —— 1只
香草（百里香、月桂叶、迷迭香等）—— 适量
洋葱 —— 1~2个
胡萝卜 —— 1~2根
土豆 —— 5~6个
黄油 —— 15克
盐、胡椒粉 —— 适量

用烤箱烤的鸡肉外酥里嫩，味道鲜美，放凉后吃味道也不错。享用时，你可以边询问大家喜欢吃哪个部位边“按需”切取，氛围轻松欢快。不用担心是否会烤失败，痛痛快快地将整只鸡放进烤箱里试试吧！

这样做——

1 用厨房纸巾将鸡表面的水分擦干，给鸡肚内侧整体均匀抹上盐、胡椒粉，再塞入适量的香草。

2 往烤箱里铺上锡纸，将鸡放在正中间，再把切成大块的蔬菜摆在四周。

3 淋上融化的黄油，用200～230度的高温烤45分钟左右，中途每隔15分钟翻动或调整鸡的朝向，确保均匀烘烤上色，待烤汁变为透明状后便可出炉。

将蔬菜放在鸡四周，烘烤时从肉里流淌出来的油分和肉汁会很自然地浸润蔬菜，这样烤出来的蔬菜更入味。

09 西红柿奶油牛舌鱼

经典的法国料理，我初次尝到时深深被其美味打动。

材料（4人份）

牛舌鱼（也可用鲷鱼或白身鱼代替）—— 4条
黄油 —— 20克
白葡萄酒（蒸煮用）—— 100毫升
鱼清汤（蒸煮用西式高汤，也可用半茶匙日式出汁颗粒和100毫升水代替）—— 100毫升
青葱（切片，可用普通洋葱代替）—— 50克
洋葱碎 —— 50克
盐、胡椒粉 —— 各适量

◆酱汁

西红柿（用热水烫过后去皮去籽，切成碎块）—— 2个
欧芹碎 —— 3汤匙
白葡萄酒 —— 300毫升
鱼清汤 —— 200毫升
淡奶油 —— 1汤匙
黄油 —— 125克
盐、胡椒粉 —— 各适量

这样做——

1 将牛舌鱼切成块（这里我用的是鲷鱼），均匀撒上盐、胡椒粉调味。
2 往耐热容器里涂上一层黄油，将洋葱碎和青葱片摆进去，倒入白葡萄酒，盖上一张锡纸，用200度的烤箱烤15～20分钟。
3 往锅中放入西红柿块、欧芹碎，倒入白葡萄酒，熬至收汁。
4 倒入鱼清汤（这里我用的日式出汁颗粒加水）和淡奶油，放入融化的黄油，边放边搅拌。
5 撒入盐、胡椒粉，整体调味。
6 将鱼盛入盘中，淋上酱汁。

用烤箱间接加热做出来的食材口感会更软嫩，时间紧张的话，你也可直接用平底锅蒸煮。

10 奶油炖鸡

加入淡奶油熬煮的酱汁浓厚黏稠、浓郁芳香，堪称“超级酱汁”。偶尔吃这道菜时，我会不由地想起曾经的留学岁月。

材料（4人份）

整鸡1只（也可用2块鸡腿肉和400克鸡翅根代替）
鸡汤（可用3个西式高汤卤块加2升水代替）——2升
洋葱——1个
胡萝卜——1根
大葱——1根
芹菜——1棵
百里香——一小撮
月桂叶——1片
面粉——15克
淡奶油——200毫升
欧芹碎——适量

◆黄油米饭

洋葱——1/4个
大米——250克左右
黄油——20克

这样做——

1 往鸡汤里放入足够的盐充分调味，将整鸡（我用的是鸡腿肉和鸡翅根）和去皮的蔬菜（不用切）放进汤里，放入百里香和月桂叶，开中火炖煮（无须沸腾，“咕嘟咕嘟”炖1小时左右）。

2 蒸黄油米饭。用黄油将洋葱碎炒熟，加入大米继续翻炒，待米身炒至透明后，放入电饭煲中，仍按普通蒸米模式蒸好。

3 舀取600毫升步骤**1**中的汤汁放入其他锅中，熬煮到1/3左右，加入由黄油、面粉制成的混合物，边搅拌边勾芡，略微调味。

4 倒入淡奶油，混合均匀，酱汁完成。

5 将煮好的鸡肉和蔬菜切成适合食用的一口大小，装盘，淋上酱汁，撒上欧芹碎。

用鸡汤和淡奶油熬的酱汁属于法国酱汁中的质朴经典款。往鸡汤里加盐调味时，可以直接品尝调味，一开始就调好味道的话，最后收汁时能将鸡肉精华完美吸收，没有用完的汤汁可以做蔬菜汤。

惭愧的是，自己屡屡将这些话当作耳旁风。要问为什么的话，因为那家面包店虽然是村子里一家不起眼的小店，但烘烤的面包和奶酪十分合自己的胃口，一旦回到日本的话，我就很难尝到这些美味了……

法国的肉类加工品

如果去法国的超市或熟食店逛逛的话，你会发现货架上摆着各式各样的火腿、香肠。贩卖肉类加工食品的店铺在法国常被称为charcuterie（类似于“熟食店”），该词由chair（肉）和cuite（通火加热）组成，内涵不言自明。

法国的肉类加工食品种类繁多，有些还具有浓厚的地方特色。制作这些肉类的专业人士被称为charcutier（食品商人）。无论是日常餐桌还是聚餐宴会，都一定少不了香肠和火腿，它们是法国饮食文化中不可或缺的部分。

留学时学习的料理及外出寻访美食时拍的照片。

肉类加工食品

charcuterie

◆ 法式腊肠（Saucisson）

这款香肠和意大利香肠有点相似，是住在海外的法国人回国后，首先想吃的食物之一。在制作加工过程中，香肠表面会因微生物的作用产生一种称为“青霉菌”的白色粉末，虽然看着不太美观，但正好催生出这种香肠独特的风味。吃法有很多种，切片直接吃，或夹在三明治中吃都可以。

◆ 法式白火腿（Jambon blanc）

白火腿与日本国内卖的火腿完全不同。将猪腿肉用盐腌渍后蒸制而成，块头较大，肉质鲜嫩柔软。忙碌的妈妈们经常会买，可以和沙拉、酸黄瓜一起作为晚餐的前菜。店里也常售夹有黄油和白火腿的简单三明治。

◆ 生火腿（Jambon cru）

“Cru”就是“生”的意思，也就是生火腿。超市里有很多种生火腿，大多是单只包装。如果去熟食店买的话，你告诉店家自己想要多少克，对方就会当场切片贩卖。生火腿的风味因腌渍程度、熟成时间不同，风味会略有变化。从琳琅满目的种类中寻找自己喜欢的味道虽花时间，但慢慢对比挑选也不失为一件乐事。

◆ **血肠（Boudin）**

有黑血肠（Boudin noir）和白血肠（Boudin blanc）两种。黑血肠是由猪血、肥肉、洋葱（有些还会放猪肉、猪内脏、香辛料等）制成的灌肠。“血肠”听起来不太好，但味道很好。通常是，用烤箱或平底锅将血肠煎烤一下，和烤土豆、水果搭配食用。“白血肠”，顾名思义，是用猪肉、鸡肉等白肉加面包、牛奶等制成。它比黑血肠的口感更温和，一般人都能接受。

◆ **乡村风味肉酱（Pâté de campagne）**

将切碎的肉块和肝酱混合后，蒸制而成。这款肉酱在法国餐厅里常能见到。在法国家庭中，大多是直接买现成的吃。

◆ **肉酱（Rillettes）**

将猪肉或鹅肉连肥肉一起煮成糊状的保存类食品，口感柔嫩绵滑，可用来涂面包或夹在三明治中。

“名副其实”的奶酪王国

法国有300多种奶酪，细分的话估计超过1000种，不同地区的奶酪颇具地方特色。法国被称为“奶酪王国”，可谓名副其实。

在法国餐厅吃饭时，用完餐后，店里大多会提供各种应季的奶酪，顾客可以根据个人喜好挑选试吃。

在法国留学期间，每次愉快用完餐后，轮到品尝奶酪时，我总想每样来一点儿，争取全都尝一遍。

日本的奶酪价格昂贵，平时很少有机会吃到。偶尔和丈夫罗曼一起去奶酪店时，我都会边看边偷偷地咽口水。因为丈夫很清楚奶酪在法国的价格，常阻止我买，只能看看“大饱眼福”。

见到住在日本的法国人时，一定会问：“你最想吃故乡的什么食物呢？”我想了解，对他们来说，妈妈的味道是什么？而大部分人都会提到两种：拉克莱特奶酪、勒布洛雄奶酪焗土豆。这两种食物都离不开奶酪，不过，在日本买高价奶酪专门制作的话，似乎也有点不划算。话虽如此，奶酪店里摆的奶酪确实应有尽有，味道也各有特色，偶尔试着品尝一下，说不定能发现自己中意的味道呢！

拉克莱特奶酪

勒布洛雄奶酪焗土豆

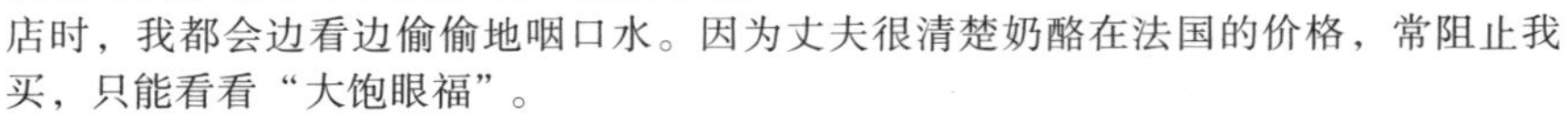

法国人喜欢的奶酪排行榜

1 卡蒙贝尔奶酪（camembert）

2 山羊奶酪（bûche de chèvre）

3 孔泰奶酪（comté）

4 埃曼塔奶酪（emmental）

5 布里奶酪（brie）

（据2017年Le Télégramme调查结果）

奶酪种类

压榨奶酪

分为中软奶酪、硬质奶酪两种。在制作过程中需强力加压，将奶酪水分压缩至38%以下。

例：孔泰奶酪（硬质奶酪）
精华有效凝缩，味道醇郁芳香，可直接吃，也可拿来做法式咸派、奶酪焗菜等。

例：拉克莱特奶酪（中软奶酪）
这款奶酪大家都比较熟悉。在法国，大多数家庭都有一台类似电饼铛的拉克莱特奶酪专用融化烤具，它通常和煮过的蔬菜、火腿等一起食用。

蓝霉奶酪

奶酪内部长有霉菌，又称“蓝纹奶酪”。

例：洛克福特蓝纹奶酪
采用拉科讷绵羊乳在洞穴中发酵而成，有“奶酪之王”的美称。

软质奶酪

未经加热、压榨等加工处理，质地柔软湿润。外表覆盖有一层白色的菌丝，属于白霉奶酪，卡蒙贝尔奶酪、布里奶酪都属此类。其他还有用山羊乳制成的蓝纹奶酪，以及用葡萄酒、白兰地等酒类擦洗而熟成的洗浸奶酪等。

例：卡蒙贝尔奶酪
卡蒙贝尔奶酪在超市里比较常见，价格不贵。

新鲜奶酪

没有经过成熟工艺而制成的奶酪，酸味清爽，口感嫩滑，制作料理或烘烤点心时常常使用。

例：布朗克奶酪
如同酸奶般黏稠，撒上一大把砂糖，吃进嘴里时沙沙作响，我非常喜欢。

Chapter 4

在乔治·布朗克餐厅研修

在米其林三星级餐厅研修

在法国分校里，如果学生希望去校外的餐厅研修，老师们会根据平时的测评成绩，和只身一人在周围都是清一色外国人的环境中生活的适应能力等，决定派谁去哪里。当然，也有人不愿意去研修，入选人员名单会张贴公告。出于平时糟糕的表现，我没有抱任何希望，虽然暗想“肯定没戏”，但又不得不拖着沉重的步子去确认结果。当我还没有走到公示栏前时，一个朋友远远地朝我奔来，开心地握紧我的双手喊道：“志麻，祝贺你！”

我不禁一头雾水，后来才看到公示名单里赫然印着这样一行文字：“乔治·布朗克　岩崎志麻。”

乔治·布朗克餐厅位于一个叫沃纳的小村庄，是有名的米其林三星级酒店。起初自己心想：不要说去三星级酒店了，估计什么地方都没有希望。惊喜太过突然，让我一时无

手绘沃纳地图（出自川口由香梨“我在法国生活”博客）

法相信。身边的人纷纷向我表示祝贺：“恭喜你！加油！”在不绝于耳的鼓励声中，喜悦和干劲悄悄从心底涌了上来。

前往乔治·布朗克餐厅

餐厅所在的村子位于勃艮第地区马贡近郊，被人们亲切地称为“乔治·布朗克村”。村子正中央，一条人工小河缓缓地流淌着，从春到秋，河岸两侧草乱花迷眼，风景宜人。

大众餐馆、米其林三星级餐厅、精品酒店、“小酒馆”、面包房、蛋糕店，乔治·布朗克家族的连锁产业几乎遍布了整个村庄。

大众餐馆是从乔治·布朗克的曾祖父一代起就一直经营的平民化餐厅。研修期间，我和加拿大的娜迪亚就借住在餐馆二楼。

你若搭乘电车或自驾在村子附近转转的话，远远就能看到一群群当地

特有的布雷斯鸡在玉米地里或广阔的草地上到处走动。

“布雷斯鸡”的养殖必须符合相关的特殊规定，严格遵循由传统和经验确立的饲养管理办法，至少要在开放式草地上散养四个月。它长着火红的鸡冠、雪白的羽毛、蓝色的脚趾，宛若一面活动着的法国国旗。它肉质较白，整体饱含脂肪，吃起来香嫩柔软，让人回味无穷。

由于肉鸡的出现，布雷斯鸡曾一度陷入灭绝危机，而乔治·布朗克家族却将布雷斯鸡推广到法国国内、欧洲，乃至全世界。

右上方的照片是乔治·布朗克的祖母伊丽莎，左上方是妈妈保罗特。祖母的拿手菜“奶油布雷斯鸡”也是大众餐馆的招牌菜。

乔治·布朗克在继承家族代代经营的餐厅的同时，凭着自己的不懈努力，成了一位名誉全球的米其林三星级主厨。因为他的存在，不单是布雷斯鸡，连沃纳都成了海内外知名的村庄，每年来参观的游客络绎不绝。

理想与现实

研修第一天，我在法国分校老师的陪同下来到了乔治·布朗克餐厅。

那是一家很大的餐厅，聚集了很多从世界各地来研修的料理人。厨房非常宽敞，以中央后厨为中心，肉、蔬菜、鱼等各种食

大众餐馆，我在研修期间就住在二楼。

乔治・布朗克

在乔治・布朗克餐厅研修时的回忆

草地上的布雷斯鸡

奶油布雷斯鸡

材均有各自的预处理场所，而且每个地方都有专业厨师负责分派任务。

我最初被分在了蔬菜处理部门，第一份工作便是清洗仓库中堆积如山的牛肝菌。运到后厨的食材无一不完美，加上数量多得惊人，我不禁暗自感慨：“这就是传说中的三星级餐厅啊！”因紧张和兴奋，我前夜没休息好，在清洗牛肝菌时有些力不从心，几度要睡着，耽误了不少时间，结果第一天就被厨师提醒了好多回。

之后的半年时间里，我一一体验了肉、鱼、蔬菜、糕点，以及肉类加工等部门，还去过姐妹店小酒馆见习，获益匪浅。

和法国分校不同的是，这里是“米其林三星级”的高档餐厅，连空气中都弥漫着严肃却有条不紊的紧张感。为了能够分到任务，我花了很多时间去牢记各种步骤、做法，不断寻找机会锻炼自己。一天一天，月转星移，犹如白驹过隙。

然而，我的内心里始终有一个念头：想去更平民化、大众化的餐馆里工作。有一次，我跟老师“吐露心声”，老师劝我：“你能在法国三星级餐厅工作是不可多得的好机会，回到日本后就很难有这种经历了，先在这里把能学到的都学一遍吧。”老师说得不无道理，我便暂时收起了心中难以莫名的情结，继续全身心投入剩余的研修期。

体验各个部门的工作

肉类……在肉类处理部门工作时的景象，直到现在仍深深烙在我的脑海里。每天早上，流水作业台上都会并排摆着数不清的布雷斯鸡，我们要做的就是解剖与清洗。布雷斯鸡的内脏干净漂亮，金黄色的鸡肝宛若肥肝。每到周末，厨师就会用剩下的食材做菜招待大家，我有机会品尝到了店里的招牌菜“奶油布雷斯鸡”。鸡肉本身的味道很浓郁，加上外裹一层黏稠的奶油，放进嘴里越嚼越香，吃后回味无穷。每周，我都非常期待品尝美食的那一天。

海鲜类……三文鱼、奥马尔虾等无一不是精心严选的食材。素有沃纳风薄饼（Crêpe vonnassienne）之称的土豆可丽饼，常和三文鱼、鱼子酱搭配摆盘，十分有名。使用勃艮第地区产的青蛙制作的料理亦为人熟知。青蛙被运到店里时仍是活的，只有四条腿被穿在一起。烹饪好的蛙肉虽然看起来有些瘆人，但味道清淡，柔嫩多汁，和鸡肉的口感有些相似。

蔬菜……蔬菜的预处理工作繁复，任务量比较大。切蔬菜时，稍微大小不齐，就要重新做。除蔬菜外，我们每天还必须准备一种混合香草（fines herbes），用来调制沙拉，或放在酱汁里提味。因为香草量大，整个后厨都弥漫着香草的芬芳气息。现在我一闻到香草的味道，就会不由地回想起那时的情景。

糕点……起初最让我吃惊的是，糕点部门完全独立于料理部门自成一家。我初次体验了在餐厅里为糕点装盘，和想象中的感觉截然不同。当时正值圣诞节，要准备很多圣诞树干蛋糕，我每天都忙得马不停蹄，直到平安夜才得以暂时休息。

肉类加工品……制作瓶装肉酱、法式腊肠，贴上乔治·布朗克家的标签，然后由我和司机大叔送到附近的圣罗兰餐厅和超市。每次去送货时，司机大叔就让我坐副驾驶，耐心地给我讲解很多工作中的注意事项。

11 西梅培根卷

法国家庭中经典的待客料理，西梅的酸甜和培根的咸香十分搭配，它很适合用来当下酒菜。

材料（4～5人份）

西梅干 —— 10颗

培根 —— 5片

这样做——

1 将培根切成合适的宽度和长度。

2 用培根将西梅干卷起来后，穿上牙签固定。

3 用200度烤箱烘烤10分钟左右。

为避免培根松开，用牙签事先固定比较好。

姐妹店圣罗兰餐厅……“圣罗兰”是一家位于马贡的小酒馆。总店大众餐馆冬季放假暂停营业时，我被安排到了这里继续工作。店有点像家庭餐馆，厨师不多，氛围轻松舒适，提供的饭菜也都是平民料理。我和其他研修生一同借宿在附近的酒店。下班后或休息日时，众人便围坐在一起畅所欲言。后厨也和总店大不相同，总共只有四五人，处理食材、服务招待等全都要做，工作时每个人都忙得脚不沾地。

去法国家庭做客

待在法国的一年时间里，我曾多次有幸受邀前往法国人家中做客。

做客时，主人会先带着我在家中转一圈，热情地做各种介绍。看过后，就让我坐在沙发上喝些香槟等餐前酒，品尝些精致的点心。等料理端上来后，便请我移至餐桌旁，正式开始用餐。

在去法国前，我曾多次在书中见到过法国家庭的用餐场景，没想到自己竟也有机会身处其中，整个人很兴奋。吃饭时，大家会畅聊文化、家庭、政治、电影等。

说到吃的东西，多是西梅培根卷、鸭肉炖橄榄果、巧克力杯子蛋糕等，没有任何装饰的简单料理。大家一边尽兴品尝可口的食物，一边谈笑风生，宝贵的时间在爽朗的笑声中缓缓流逝。对我来说，这种时光格外奢侈，从心底里感觉很快乐！

12

橄榄果炖鸭肉

材料很简单，只有鸭、橄榄果和白葡萄酒，做好后，香气四溢。

材料（4人份）

鸭（可用8个鸡翅根加2个鸡腿肉，或4个猪里脊/肩胛里脊代替）——整只
橄榄果——150克
面粉——1.5汤匙
白葡萄酒——200毫升
西式清汤（可用西式高汤卤块和水代替）——200毫升
百里香——一小撮
月桂叶——1～2片
蒜瓣——3个
盐、胡椒粉——各适量

这样做——

1 若是整鸭，连鸭骨一起均分为8份（我用的是鸡翅根和4等分的鸡腿肉）。
2 给鸡肉撒上盐、胡椒粉，再轻拍上一层薄面粉，用平底锅煎至上色，移入煮锅。
3 用白葡萄酒将锅底残留的肉汁铲下来，一同放进锅中。
4 倒入清汤，放入橄榄果、百里香、月桂叶、蒜瓣，盖上锅盖炖煮45分钟。

小贴士 橄榄果一般是直接吃，像这样放进炖菜里，又是另一种美味。

材料(4人份)

黄油 —— 125克
巧克力 —— 125克
白砂糖 —— 100克
鸡蛋 —— 3个
面粉 —— 50克

这样做——

1 将黄油和巧克力放在碗中，恢复至常温融化后，充分搅拌。
2 往碗中加入白砂糖、鸡蛋，继续搅拌，最后轻轻撒入面粉和匀。
3 将做好的巧克力液分盛入耐热杯，用500瓦微波炉加热1～2分钟，间隔1分钟后，再加热一两分钟即可出炉。

不同的微波炉可能火力、功率不太一样，请根据实际情况适当调整。如果火力过大，蛋糕可能会过度膨胀，烘烤中途间歇1分钟就好。

13

巧克力杯子蛋糕

巧克力杯子蛋糕和巧克力慕斯是法国的“国民甜点”，在聚会上出现时，通常瞬间就会被分得一干二净，做法简单，只用微波炉就OK。

在料理世界里学习

苦苦寻找工作的餐厅

在乔治·布朗克餐厅的研修结束后，我回到日本没多久，便再次只身前往餐厅数量多、水准高的东京，打算找份工作糊口。而且，第一家工作的餐厅，只选择自己认为不错的，绝不妥协。专业料理人的世界并不轻松，但既然是人生中的第一份工作，我就至少要坚持三年。我深知高水准餐厅的严格要求，如果意愿不强烈的话，估计很难待够三年。

找工作期间，我暂时借住在朋友那里，一边在熟人的店里打工，一边趁空闲前往不同的餐厅品尝食物，寻找自己中意的店。同届同学们的工作纷纷定了下来，只有自己迟迟没有着落，不禁有些焦急："怎么办？万一找不到工作的话？"尽管心中很不安，但还是不愿降低自己当初定的标准。

终于，在回国4个月后的一天，经熟人介绍，我得到了一次面试机会，对方是东京都内一家很有名气的法国料理餐厅，但当场却被告知："我们这里暂时不缺人手，不过有家店正在招人，我可以帮你介绍一下。"我直接前往那家餐厅，叩响了店门，那里便成了我工作的第一家店。

"坚韧不拔！"

店里从正午开始营业，当我走进店里时，工作人员刚吃完午餐。我拜托主厨给自己做了一份午餐。我的想法很简单：不亲自尝尝，就不知道这家店是否适合自己。美食餐厅指南、业界杂志评价都不重要，标准只有一个，就是看自己喜欢不喜欢。

后来听店里的前辈说，我边吃边一个劲儿地点头，还环顾四周。每次听他说起时，我都惭愧得想钻地缝。

那天我尝到的料理味道“惊艳”，至今仍记忆犹新。前菜是用海胆做成的，主菜用的是甘鲷（马头鱼）。光是吃一口就能感受到主厨对料理的用心，这是来东京以后第一次这么激动：“啊！我想在这家店里工作！”

我在很多家店里试尝时，发现前菜、主菜大都是选择用老家也很常见的海鲜制作的料理。因为当时我有一个朦胧的想法，就是尽量多去探访不同的美食，将来有机会回故乡山口开一家小店。

就在我快要吃完时，店里的主厨径直走到我身边，像是抱歉般说道：“对不起啊，鱼的火候可能有点过啦！”看着站在面前的主厨一脸不太甘心的神情，我很惊讶：为了我这样一个小姑娘，主厨竟对自己要求得这么严格……

接下来的三年间，我始终和这位主厨一起工作，他给我的感觉和初见时一样。无论何时、对象是谁，主厨都会拿出100%的劲头儿，制作饱含热情、独具匠心的料理。他有一句很经典的口头禅：“料理就是爱情！”

我对主厨的料理“一见钟情”，甚至有“相见恨晚”的感觉，当场便请求道："请让我在这里工作！"没想到主厨回了我一句："我这里呀，不雇女的，女人太麻烦！"换作谁，可能都会气愤地转身离去，但我并没有将这句话放在心上。

四个月来，我始终在寻找这样的店，现在它就出现在眼前，哪有什么理由轻言放弃呢？有这家店在，我根本不会去考虑其他的店。我拿出简历递了过去："不管您怎么说，我都想在这里工作！"

一会儿，主厨的态度有所缓和："你没问题吧？"接着他又试探地说："在这里工作会很累的，你真觉得自己可以？"

"是的——！！谢谢您！！"那一刻，自己开心得差点没跳起来。

主厨瞅了一眼我的简历后，笑了起来——

在"特长"一栏里，写着四个醒目的大字："坚韧不拔！"

一个人租房生活

"你真行，竟然能住这种地方……"爸爸因为工作上的事情来东京时，顺便来看看我，刚一进门他就感慨了一句。工作定下来后，我找到了一间离店步行两分钟就能到、有五六十年建龄的公寓。我想尽早开始工作，所以找房子的过程很简单，一天内就定好了。我选房的条件有三：离店近、便宜、类似于漫画《相聚一刻》里"一刻馆"那样的旧公寓。

我对充满年代感的老物件很感兴趣，旧公寓里的磨砂玻璃窗、木质窗门、榻榻米正合我意。反正一旦工作的话，每天早出晚归，只要有能躺下来睡觉的地方就足够，用不着讲究宽敞。

房间里只有淋浴，没有浴缸。凑合了一段时间后，还是想舒舒服服泡个澡解解乏，我便专门买了个浴盆回来。有时工作完极度疲惫，在泡澡时就能昏睡过去，一觉睡到天亮。有好几次，从店里回来刚踏进房门，我就累得跪在榻榻米上，直接进入了梦乡。

后厨就是战场！

在读料理书时，“后厨就是战场！”这句话频频映入眼帘。在餐厅里工作时，我确实能体会到“真枪实战”的感觉。我在找工作时只考虑到自己喜欢不喜欢，并没有在意工作强度。周围的人经常跟我说：“真有你的！”“佩服佩服！”“真的不累？”也有人提醒我：“这家店在整个东京可是出了名的严格。”

我刚开始单纯以为，既然是一流餐厅，严厉也是理所当然的。可当自己实际工作时，屡屡目瞪口呆。面试时曾被主厨奚落“女人太麻烦”，虽然很不甘心，但还是为自己的无能和笨拙深感惭愧，多次忍不住偷偷流泪。

我一踏入后厨，就会有一种紧张感，如果主厨在场的话，就更加紧张，生怕被盯上。站在后厨的主厨一脸严肃，散发着一种让人自觉敬而远之的强大气场。

我在干任何事时都会高度警惕，细微之处也不敢马虎应付，就像赌上性命去做一样。有时会听到别人议论："做料理的人就是不懂学习啊！""每天工作的地儿太狭窄，所以才不懂人情世故吧？"对于这些说风凉话的人，我真希望他们能到后厨亲自体验一番。

处理食材时，我们要兼顾很多其他的工作。比如，用烤箱烘烤咸派时，每隔15分钟就要调整一下方向，自己来回移步挪动时，要随时注意不能妨碍主厨或其他前辈工作。燃气灶上的锅里如果炒着洋葱丝，就要记得勤翻以免焦煳。水槽里摆满大号的盆子，要同时择洗准备好几种沙拉需要的大量蔬菜。做准备工作时不能只顾闷头干，要边看时钟边默默推算，离上桌前还有多长时间。

制作料理必须要集中注意力，调动五感。除了看、闻、摸外，还要学会凭借细微的声音判断锅中食材的烹饪状况，一遍遍地品尝确认。因此，身体健康显得格外重要，鼻塞的话就无法辨别味道，感冒的话就会无法集中注意力。

每天店里一开始营业，整个人就变得战战兢兢、提心吊胆，稍有失误，没有跟上节奏，或上菜时耽搁片刻，就会招来一顿怒骂。无论身在何处，所有神经都绷得紧紧的，满脑子想的都是"为顾客及时提供最优质的料理"。不过有好几次，因为没能做好工作，我噙着泪水直接向客人道过歉。

为了让顾客能够吃得开心满意，每一道料理都像是豁出性命般竭力去制作。这就是餐厅的使命，后厨就是战场！

物尽其用

在第一家店里工作时学到的经验，到现在仍被我活用在各个方面。

我们想同时做好几件事的话，就不能去做无用功，必须按照轻重缓急的顺序去有条不紊地推进。对料理来说，最重要的就是时机。要做到精准的逆向推算，就要把握好每种料理需要多长时间准备，弄清楚关键时间点该去做什么。同时制作数种料理时，每道菜都绷紧神经，很容易疲劳。所以，要在脑海里记住每道菜的要点，关键环节尽量不和其他工作重合。

除了不能浪费宝贵的时间外，食材、燃气、水电也要节约使用。刚来店里工作时，令自己吃惊的是——洗菜水不能随便倒掉。确实，餐厅里每天会用很多蔬菜做沙拉，洗菜水也不能小觑。

每天放满一槽水洗菜，用过的水就倒进深口锅里，放在加热烹调机的一角，自动就能烧沸，烧好的水用来刷洗盘子。如此一来，水费、燃气费都能节省。另外，用热水清洗，就不用清洁剂。我曾因浪费了些燃气和电被警告过好多次。

不止这些，我在清洗抹布时还被提醒过："洗抹布之前要把周围该擦能擦的地方都擦一遍。"物尽其用，不无道理。厨房干净整洁，工作起来显效率，也更能让人满意。

总之，用心对待细微之处，自然就能察觉到相连的事情，并在不知不觉间就能熟练掌握节约的秘诀，从而为自己加分。

盐很关键

在后厨里工作时，我都会习惯性地去观察并默默牢记，主厨做菜时什么时候放盐、放多少，火候怎么掌控，等等。

比起牢记分量，凭感觉去记忆更重要。理由很简单：盐量多少，跟食材密切相关。同一种食材，假如季节和产地不同，水分（比如蔬菜）、脂肪（比如鱼类）都会稍有差别。还有就是，不同种类的盐也有各自合适的用量，无法一概而论。所以，我不能斩钉截铁地说：多少分量的食材，必须要用多少盐。

主厨自然明白盐的重要性，总是会用刚好合适的量去诱发食材的鲜味。他每次放盐时都一脸严肃，因为小小一撮盐在很大程度上就能决定料理做得成功还是失败。不过，如果大家平时在煎肉排、烤鱼时总发愁拿捏不好味道，建议凭感觉撒上足够的盐，做出来的味道应该也不错。

盐分的把握

经常有人问我："你家里用的是什么盐？""没有过多讲究啊，有什么就用什么。"每当我这样回答时，大家都会很惊讶。非要举例的话，我家好像常常用到烤盐。烤盐粒粒分明，不易凝块，撒起来比较均匀。即使是鱼片，较厚的部位多撒一些，较薄的少撒一些。撒盐要想撒得刚刚好并非易事，不要过度依赖食谱里标注的分量，按照个人感觉去调节，多尝几次

烤盐撒起来较为均匀。

味道就好。而且，大家没必要去尝试各种各样的盐，选择自己常用、放心的牌子，做饭时掂量着略加调整，慢慢就能掌握诀窍。

调味

我工作过的餐厅里做料理时盐用得比较多，所以我到客人家里做饭时，总是担心味道会不会有点重，还好大部分人跟我反馈："味道正好啊！"

使用大量蔬菜做汤时，我们在炒菜时稍微撒点盐，将蔬菜的水分"逼"出来，激发出食材本身的鲜味。而像肉、鱼、西红柿、蘑菇等饱含鲜味的食材，就要多用些盐，借助盐的力量让食材充分入味，鲜香可口。

另外，放盐的时机也很关键。炒蘑菇等蔬菜时，刚开始就撒盐的话，水分就会流失，变蔫，影响色泽和口感，所以一般是最后再放盐。如果是做奶油焗菜，在熬白汁酱时不放盐，但在提前处理食材时要好好用盐调味，烤好后味道很赞。做炒菜时，先将蔬菜微炒后盛出，单独炒肉时要用盐、胡椒粉调味，最后将炒好的蔬菜入锅，再稍微撒些盐或胡椒粉调味。这样的话，炒出来的蔬菜也会变得清脆爽口，好吃不腻。

洗碗

做饭时肯定要用到厨具或餐具，用过后一定要清洗。每天准备一日三餐时的洗刷工作自然不用说。制作常备菜时，因为一次要用到很多物品，清洗任务更大。

为了减轻洗刷压力，我会尽量不在水槽里堆放过多的脏污餐具。而且，我会将清洗对象分为两类：只沾水的和沾有油污的。这两种一同乱扔到水槽里的话，原本只需用水简单冲洗的笊篱、焯水用的锅具也会被油脂“污染”，徒添清洗量。

有水渍的餐具，使用后要及时清洗。做饭时，双手常常会碰触肉、鱼，油炸前裹面衣时也会将手弄得黏糊糊的，需要勤洗手。如果水槽里暂时放有沾染油污的餐具，就趁洗手时顺便刷干净。

需要清洗的东西堆得越多就越麻烦，我们最好趁量少时迅速洗干净。在减少清洗量的同时，还要减少使用器具。只要一双筷子，就能做很多事。所以，若无必要，尽量少用多余的物品。如此一来，厨房自然就能保持整洁，主人做起饭来也会心情舒畅、游刃有余。

火候的调节

我在写料理书时，也会经常被问：火候该怎么调节？

每个家庭里的厨具多种多样，锅具大小、燃气灶的火力也千差万别，所以不能用小火或大火来界定。最关键的是，你要常确认锅中食材的状态，学会倾听和辨别不同火候下的烹饪情况。比如在煮食物时，若是小火，细微的气泡会从锅底断断续续地涌上来，不急不缓，犹如静寂的低吟；若是中火，气泡“咕嘟咕嘟”作响，接连不断地冒出，但又温吞吞的；若是大火，硕大的气泡“扑哧扑哧”跳起来，像是要冲出锅外般闹腾着。在煎、炸、烤时，也要注意观察油的状态和声音，是“滋滋作响”还是“噼里啪啦”，等等。有时明明是按食谱去做的，但总感觉味道不一样，可能就是火候的问题。所以，我个人觉得，做饭不能只依赖料理书，还要学着凭自己的感觉来把握，细心观察锅中食物的状态。

为了更好地了解法国，法文书、法语词典常不离手。

工作不知疲惫

我工作的第一家店相当人性化，考虑到料理人也要过有规律的生活、领相应的薪水，规定每人每月休息6天，而且禁止早起工作，晚上过8点后也不再接单，所以比其他餐厅的营业时间要短很多。换作别人的话，可能会高呼万岁，我却不由地担忧：怎么办？在成为一名真正料理人的起跑线上，习惯了这种松弛的节奏可就完了……

我便想了个办法，主动申请保管店里的钥匙，负责早晚开关店门。大清早我就去店里，记录抄写各种食材的价格；晚上营业结束后，我一个人待在店里学学法语、看看书，临近凌晨1点再回家，到家后也先将当天学到的东西誊在笔记本上，然后才去休息。我还借了一只平底锅在家里练习颠锅，顺便也能锻炼臂力。

总而言之，当时我满脑子想的就是如何使工作尽快上手，想更深入地学习法国料理，甚至认为睡觉会浪费时间。

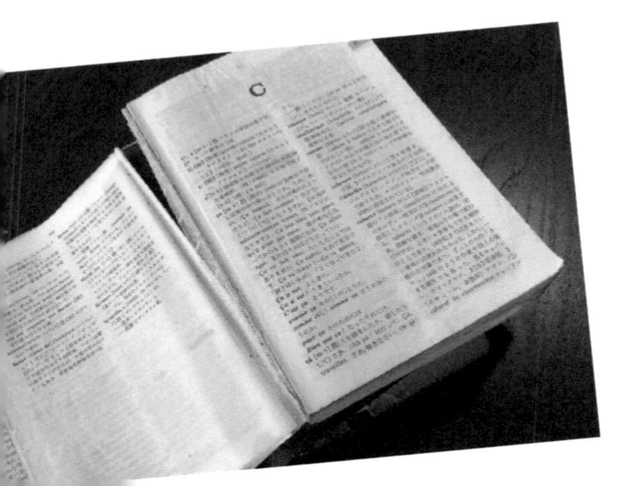

逢休息日时，上午我去美术馆看法国画家的作品展，下午去法语课，结束后再去看法国电影。只要有片刻

闲暇，我就想多了解一些法国文化。

时间较充足时，我还专门跑到浅草等外国人常去的景点，如果发现有迷路的法国人，便主动上前搭话，寻找锻炼口语的机会。法国的香颂、流行音乐、歌剧、民族乐等，我大概也都听了个遍。

休息时间，我全身心沉浸在法国文化中，和节奏紧张的工作日正好形成对比。不知不觉中，我发现，在严厉的主厨手下，很少有人能坚持在店里工作很久，自己刚进店时的前辈们已陆续辞职，我“顺理成章”地晋升为店里的“二把手”。

那时我才21岁，那个位置并不是靠实力获得的，而只是填补了前辈们辞职后的空缺，所以压根没感到丝毫开心。明明自己干得不出色，周围的人却不明就里地钦佩和鼓掌，让我备感压力。

在亲切与严厉交织中成长

我工作时笨手笨脚的，动不动就会出错，几乎没有一天不挨骂。

主厨工作时犹如魔鬼般严厉，生活中却像父亲般温和。他和爸爸年纪差不多，坦率直爽，与我什么都聊得来。

我个子小，也不怎么注意形象，总是顶着一头凌乱的头发拼命工作，所以主厨和老板娘都喊我“小新”。

主厨领着我去筑地市场选购食材时，常常会讲给我很多有意思的事情，我也非常喜欢听。偶尔，主厨还会从自己的书架上抽出很有年代感的料理书讲给我听。

他得知我在开店前和关店后都在店里学习后，特意嘱咐我，休息日也可以来店里。我很珍惜休息时间、睡觉时间，常常阅读大量的书籍。经常打交道的蔬菜店、干货店的老板每次见到我，都会鼓励道："加油！"

然而，不知从何时起，我因过于专注于自己的梦想，渐渐看不到身边的人或事。如果和我一同工作的人只为混日子而拿不出热情的话，不分年长年幼，我都不愿意和他们共事，也就不怎么把工作分给他们。

"为什么不愿动脑子去记住工作中哪一步该怎么做呢？""凭什么每次迟到还满不在乎？"等等，就像是只有自己在努力一样，我看不到别人的长处，总是以自己的标准去判断和要求别人。这点也曾多次被主厨和干接待工作的前辈指出过。可是，当时我并没有精力去改变自己。

突然想辞职

我越来越喜欢在这家店里工作。然而，越卖力越感空虚，似乎没有什么明显的进步，始终待在原地打转，这种焦灼感折磨了我很长时间。

留学时代起对法国料理的憧憬也愈发强烈，总感觉现在和憧憬中的工作不太一样，但究竟是什么、哪里不同，又说不出来。

"第一份工作至少要坚持干三年"，再严厉再痛苦也绝不轻言放弃。

我抱着这一信念在这家店里待满了三年后，突然就想辞职了。

“自己真的不能改变吗？”“照现在这个状态继续去做法国料理果真合适吗？”工作时一忙碌起来，就无暇认真思考这些问题，必须要离开！

打定主意后，我找到主厨直接说道：“想跟您商量件事。”

“肯定是不想干了吧？！”主厨像是能读懂我的心思一般，干脆利落地说道。

一句话猛击心脏，虽然是自己提出来要辞职，却有种被抛弃的感觉，心中五味杂陈：难得主厨这么照顾和提拔我，而自己却任性地想离开就离开，未能有始有终……

交接完工作的最后一天，等大家都离开后，我一个人坐在店里的椅子上，回忆起这三年的时光。虽然到最后也没能做成一份让主厨满意的工作，但对我来说，在店里工作的这三年，就是我的全部。

“谢谢！”我哭着朝着空无一人的店里低头致意，唯有啜泣声回荡在寂静漆黑的夜里。

Chapter 6

沉浸在法语圈的日子

在食品公司打工

从第一家店辞职后，我就像一只泄气的气球，提不起任何精神，每天无所事事地度日，也没有想过再去找家店工作。

我也想过不如放弃法国料理，但不做这个的话，我又能做什么呢？明明很喜爱法国料理，却没有确立自己的目标，甚至不想回山口老家开店了。总感觉哪里不对劲，那种违和感一直在心头挥之不去。找不到答案的自己始终在徘徊迷茫中踱步，直到某天一个朋友上门。

“你在发什么呆呢？没事儿干的话，就去做兼职吧，我帮你介绍。”

原来是一家食品公司研究室招助手，主要帮忙研发、制作调味酱汁。平时只需穿着白大褂坐在房间里，将无数种香辛料、调味料、着色料、增稠剂等混合成不同口味的调味汁，像便利店卖的汉堡肉上淋的酱汁，便当店、熟食店用的调味汁等。我毕竟在高档餐厅里见识过一流的工作，眼前的情形着实让自己很困惑。“我究竟在这里做什么呢？”虽然这么想，但终究没有想回餐厅工作的念头，混沌之中，竟然在食品公司工作了近一年半。

配兑酱汁必须要严格控制成本，并不是个轻松的工作。从调理师专门学校时代起，到去法国分校，再到东京法国料理餐厅工作，任何一个地方的环境都很好，而且是使用上等的食材制作色香味俱全的料理。

所以在刚进入食品公司时，我意识到手头的工作和料理人的世界大相径庭，但渐渐熟悉后，它让我看到了日本饮食文化的另一面。地下超市、便利店、熟食店、快餐店等，我们身边到处使用工厂生产的酱汁。

一开始，我的态度绝对算不上积极，但慢慢地便想通了：既然在餐厅后厨干过多年，说不定可以充分利用这些经验，比别人做得更好。

让我选的话，我肯定不会选这份工作，但尝试着去做时，还是有很多意想不到的收获。要想保证价格低廉，只能多加水，那怎么做才能不让酱汁变得太稀呢？味道均衡又该如何把握？总之，必须要切换头脑模式，开启一种崭新的思维，从数值的角度去思考盐分、pH值等概念。

长久以来因执着于法国料理，我的思维变得相当僵化。朋友为我介绍这份工作，有可能就是想提醒我换个角度去思考问题。我非常感谢朋友的体贴，开始集中精力做好手头能做的事情。我没有跟任何人提起过在食品公司兼职的经历，总觉得多多少少有些难以启齿。不过，每天定点上下班，傍晚就能回到家中的感觉很是新鲜，莫名地有些开心。“趁现在空闲比较多，就把想做的事都做好！”我用法语和日语双语读完了至今无暇阅读的法国文学作品，还参加了法语等级考试。

法语与我

从18岁有志于制作法国料理时，我便学起了法语，至今仍在坚持。在我看来，要想真正掌握法国料理，必须迈过语言这道坎。我起初因倾心于日本文化，便进了调理师专门学校学习和食，中途转向法国料理后，也想了解更多的法国文化。法国拥有什么样的历史？有哪些音乐、文学作品

受欢迎？法国人平时过着怎样的生活？思维方式和价值观如何？……我都想去深入探索。

留学结束回到日本，找到第一份工作后，我便想着重拾法语。

我在法国住了一年，能说些日常用语，但我觉得会说和理解是两回事。我想拥有更好的语言能力，比如能读懂报纸、理解新闻内容，甚至是能做些翻译工作。因此，我下定决心找一位日本家教，经过多方寻找，终于打算和一位老师见面聊聊。

会面那天，两个人约好在车站出口处碰头。一位穿着绿裙子、烫着卷发的女性站在那里，看起来像是外国人一样。直觉告诉我，她应该就是宫内老师，没想到她率先朝我打招呼："你好，请问是志麻小姐吗？我是宫内，很高兴见到你。"

与宫内老师的交往

我一直没直接问过宫内老师的年龄（我想着应该40岁左右，后来才知道和妈妈差不多大），只听说过她年轻时曾长期住在法国。

她专攻法国文学，但对绘画、音乐、历史也很熟悉。老师的学费不低，授课相应严格，还常常会布置作业。当时自己在店里工作每天早出晚归，要想两头兼顾非常吃力，但老师的授课充满魅力，催促着我争分夺秒地学习。

老师有很多学生，会根据每个人的情况安排不同的授课内容。她知道我的工作后，每次都会准备很多跟料理相关的文章、电视新闻等。我从宫内老师那里学到的不只是法语，还有她的生活方式。

回过神来，我和宫内老师的友谊持续十一年了，除了偶尔回老家，不论寒暑假，我们每周都会见上一面。对我来说，宫内老师就像是家人般的存在。

宫内老师的火腿奶酪三明治

宫内老师人比较体贴，知道我每天工作到很晚后，偶尔会做些料理招待我。我清楚地记得宫内老师做的火腿奶酪三明治，外酥里嫩，吃完唇齿留香，让人无比怀念。

老师生活非常朴素，家里没有烤箱和烤吐司机，做三明治用的是无水干锅。老师做的三明治很简单，涂着厚厚的黄油，放了很多特意去奶酪店买的奶酪，色泽金黄，看着就让人垂涎三尺。虽是简简单单的一道食物，但对当时几乎身无分文的我来说，不啻奢侈的美味。

14

火腿奶酪三明治

宫内老师做的三明治没有使用白汁酱，能细细品味火腿、奶酪的咸香浓醇，重点是小火慢烤，做出外焦里嫩的口感。

材料（1人份）

吐司面包 —— 2片
火腿 —— 2片
格吕尔耶奶酪 —— 40克
黄油 —— 15克

这样做——

1 将一半黄油放入平底锅中，加热融化后，放入一片吐司面包。
2 依次将火腿和格吕尔耶奶酪放在吐司上面，再盖上另一片吐司面包。
3 盖上锅盖，小火煎烤5分钟左右。
4 将整个三明治小心翻个儿后，放入剩余的一半黄油，继续煎烤5分钟。装盘时，从中间一分为二，交错摆放。

小贴士 用烤吐司机、烤箱做火腿奶酪三明治时，提前将融化后的黄油均匀涂在吐司面包表面。

跟宫内老师永别

从第一家店辞职后至去第二家餐厅工作时，我仍继续跟着宫内老师学法语。有一天，当我像往常一样摁下老师公寓房间的门铃时，一直没有动静。老师没有手机，但有其他安排或课程变动的话，一般会提前和我联系。我当时觉得很奇怪。等了一会儿后还是无人应答，我想着老师或许是出门还未回家，便去附近的咖啡店里等。

两个小时过去后，暮色渐黑，我有点焦急起来。因为不知道老师家人的联系方式，只好去警察局，请求帮忙调查老师是否因生病被送往了医院，还让警察陪我一起再次敲响了老师家的门，但仍没有回应。

警察说："今天只能这样了，明天再来看看吧！"回到家后，我拼命地打老师家的电话，但打到天明也没有人接。一宿未睡的我翌日早上正打算去店里时，接到了警察的电话，"我们联系不到对方的家人，打算用钥匙开门看看情况，如果方便的话，想请您到现场做证"。

餐厅午间一营业结束，我立马打车去了公寓。警察、公寓管理员、专业开锁人三个人早已在门口等候，一股强烈的不安瞬间朝我袭来。

房门"嘎吱"一声打开，看到倒在门后的老师的瞬间，我吓得移开了视线：怎么会这样？发生了什么？……

警察向我确认时，我仍不敢正视，但老师极不自然的姿势残忍地提醒我：老师已经走了……明明上周还精神抖擞，告别时送我到门口，笑着说："下周见！"究竟为什么？……片刻后，警察也赶了过来，问了很多问题后，用在电视剧中才能见到的蓝苫布将老师的遗体裹起来抬了出去。

我的脑中极其混沌，虽然一时无法理解眼前发生的一切，但仍想着必须要赶上店里的晚间营业。回到店里后，主厨关心地问了一句后，其他仍和平常一样。可是，当营业开始后，我就不停地默默流泪。即使有顾客有可能透过柜台看到了自己一副消沉的模样，我也丝毫不在意，只听到满腔的后悔声："为什么昨天我要回去呢？""早点发现的话，说不定老师就能得救……"眼看着如同家人般的亲人倒在眼前，自己还要打起精神去工作，没有比这更痛苦的了。然而，我并未想过请假。

"无论发生什么事，都要先做好自己的工作。"这是逝去的宫内老师教给我的，主厨也常常跟我交代。悲伤需要时间去冲淡和治愈。每天工作时，我都会不由地回忆起老师的音容笑貌。

联系到老师的家人是在事发两三天之后。死因也调查清楚了，是蛛网膜下腔出血导致的。听说老师的姐姐在整理房间后，我就利用休息时间去帮忙。老师住的是单人间，不宽敞，但到处堆着书，几乎快要压塌地板。

"请问这些书打算怎么处理呢？"

"只能扔掉了吧？"

"扔掉的话有点可惜，能不能把一些书送给我留作纪念呢？"我小心翼翼地问道。老师有很多学生，我想把书也送给他们，起码能睹物思人吧。

老师的姐姐慷慨地答应了。我便拿了很多纸箱来，把能装的书都装在里面，最后喊出租车司机帮忙运到了我住的地方。狭窄的房间一时被纸箱占满。后来逢店休时，我申请在店里为老师办了悼念会，将那些书分给了到场的人。

邂逅卡特里诺老师

我工作的第二家店里有一位做兼职的年轻法国人。自己学了这么多年法语，难得有练习会话的对象，很想多和对方聊聊天。可是店里规定工作时不允许闲谈，两人只能约在休息日时见面。

"照这样下去的话，好不容易学会的法语说不定就要忘光了……"我深感语言危机，因此，除了每月两次去宫内老师家里上课外，随后又跟着一位法国老师卡特里诺学习。

因为身边有同龄法国人可以聊天，加上想把两处课程集中安排在一天内，我在挑选老师时便定了两条标准：年龄略长、距离较近。想通过网络找到合适的老师比较难，不实际见上一面的话就无法判断。然而，第一次和卡特里诺老师见面时，我就暗喜：能遇到这位老师真好！

老师的言谈举止优雅，讲课有趣，历史、音乐、电影、绘画，涉猎广泛，让人听着如沐春风。老师全程用法语授课，我也能用法语尝试表达，正好符合我的学习目的，所以我十分期待每月仅有的两次授课。

不过，我没敢把同时上两个人的课都告诉两位老师，觉得有些失礼。未曾料到的是，和卡特里诺老师认识没过几个月，宫内老师因突发疾病离世，悲伤的我才将宫内老师的事情告诉了卡特里诺老师。

自那之后，卡特里诺老师几乎每天都会给我发信息，安慰着每日沉浸在悲痛和悔恨中的自己。可以毫不讳言地说，老师的温暖话语在很大程度上拯救了我。后来，我每周都会去老师那里一次，现在生了孩子后也常抽空去上课。

法国著名料理节目

卡特里诺老师的课上允许学生选择各自喜欢的素材当教学内容，我便选了自己最爱看的法国料理电视节目——《朱丽叶的美食手账》（*les carnets de julie*）。

女主人公朱丽叶是一位美食记者，走遍法国各地，探访和品尝地方传统美味，介绍相关的饮食文化。我一直都钟情法国家庭料理，这个节目比专业料理节目更有魅力，所以一有空就看。节目将法国作为“美食之都”的魅力展现得淋漓尽致，让人百看不厌。节目的最后，所有的出场人物都会带着各自做的料理欢聚一堂，愉快享用满桌的美食，这给我留下了深刻的印象。

唯一的瓶颈是，节目里的出场人物语速都比较快，动辄还会蹦出一些陌生的词汇。“若是自己能把对话翻译成日文就好了。”我便和卡特里诺老师一起对着电脑重复播放，逐字逐句地翻译，有时会在同一个地方翻来覆去地推敲、琢磨。

有时人物说方言，让人完全不知所云，只好作罢。为了翻译这个节目，我每周去老师那里一次，每次花一个小时，结果竟需要两三个月。尽管困难重重，我仍暗自下定决心：总有一天要全部准确译出，并真正理解。

我还发现，法国其他料理节目和日本同类节目相比，少了些精细，多了分随意。比如，食材的分量从不用量杯去一点点称算，而是边把碗里的淡奶油利落地放进锅中边说“差不多就行”。

我很喜欢这样的节目，可以让人轻松愉快地制作料理的美食节目。

我最爱看的法国美食节目《朱丽叶的美食手账》，相关系列书籍也有出版。

我与卡特里诺老师、
丈夫罗曼的合影

卡特里诺老师的荞麦薄饼

“日本的薄饼跟法国薄饼不太一样呢！”法国朋友经常会这样感慨。跟法国人提起薄饼的话，大部分人都会立刻想到荞麦薄饼。

卡特里诺老师也不例外，每当友人往家中做客或家人团聚时，她就会一口气做上近百张荞麦薄饼，堆在盘子里，特别彰显存在感。我差不多每次去造访时，老师都会让我带些回家。

拿薄饼当点心时，可以卷上黄油、黑糖，或抹些果酱、巧克力液等。每个法国朋友都有自己的一套考究的卷法，让人大开眼界。当作主食时，就卷些火腿、蔬菜沙拉，或是像布列塔尼薄饼那样，折成四方形略微煎烤后再吃。

每次带回家的薄饼都会被我和罗曼两个人分着吃掉。考虑到罗曼对法国的思念之情，我总是会把自己的那份也让给他……

再次去餐厅工作

我在食品公司边做兼职边学法语，浑然不觉地待了一年半后，对工作也越来越上手。当公司交给我的任务渐渐增多时，我惶惶不安，心想：再耽误些时间的话，恐怕就回不到法国料理的世界了。

15 法式荞麦薄饼

每次去卡特里诺老师家里聚餐时，餐桌上一定少不了荞麦薄饼。我最喜欢简单地卷上些黄油和砂糖吃。

材料（10张）

低筋面粉 —— 100克
荞麦粉 —— 50克
鸡蛋 —— 2个
盐 —— 一小撮
色拉油 —— 1汤匙
牛奶 —— 500毫升

这样做——

1 将低筋面粉和荞麦粉倒入盆中，混合均匀。
2 在面粉中央挖个洞，磕入鸡蛋，撒上盐，倒入色拉油和少量牛奶，用木铲搅匀。
3 将剩下的牛奶每次分少量加入进去，充分搅拌，尽量不要起疙瘩。
4 将面糊放入冰箱冷藏室，至少醒上30分钟。
5 给平底锅均匀涂上少量油，滑入一层薄面糊，用中火煎熟。待四周卷边后，翻过来继续烤1分钟左右。
*中途若面糊发硬，可加入适量水稍加调整。
*用日本产荞麦粉的话，做出来的薄饼要比照片中的更白一些。

小贴士 薄饼煎好后要摞起来，避免风干。吃法较为随意，卷上些砂糖、黄油或是巧克力液就能充当点心，也可以卷上火腿、奶酪、蔬菜沙拉等作主食。

那种不可言喻的违和感依然存在。我比较倾心于简单朴素、不加修饰的法国家庭料理，和当时社会上推崇的精致法餐完全属于不同的路线。

我再次经朋友引荐认识了一个人，和他谈了谈心中的苦闷。那个人给我介绍了一家正在招人的餐厅，并在听过我的烦恼后，鼓励我："你觉得对的话就只能自己去做。"看似普通的一句话，却强烈地撞击着我的内心，直到现在也时常想起。我开始试着转变想法：再纠结苦恼也没用，先把自己当下能做的事情做好！

介绍的店正是一家提供法国家常料理的餐厅，中午和晚上均客满，非常忙碌。面试时，我直言自己很喜欢这种饱含人情味、平民化的法国料理。非要描述的话，就是让法国人吃过后也会心满意足，犹如品尝到家乡的味道般身心舒畅的料理。

之后，我预约去店里品尝山羊奶酪沙拉。它的做法简单，就是将山羊奶酪稍微加热，摆在法棍面包片上，然后直接放在盛满蔬菜的盘子里。我在法国或料理书中曾多次见过。"就是这个，我想做的就是这种不需要任何修饰的美味料理！"好久没有接触过法国料理了，心中满是忐忑。但当吃到这道沙拉和另一道蓝纹奶酪牛排时，我再次燃起了想回餐厅工作的炽热念头。

我把自己的烦恼和因在食品公司兼职产生的空白期全都向主厨一一说明后，主厨还是向我抛出了橄榄枝。第一天去上班时，主厨特意跟第一家店打了电话，转达了我在店里工作的消息。"不行不行，千万别雇她，她那个人很倔的。"我刚开始天真地以为，原来的主厨说不定会鼓励我一声

“好好干”，没想到却是这种反应，当时自己很受打击。但旋即一想，便又释然了：是啊，我的确很任性顽固，从来只考虑自己。自己工作时满腔热血不畏辛苦，只不过都是自我满足罢了。

第二家店确实很忙。离开后厨一年半，我的体力、精力都有些怠惰，只能竭尽全力去赶工作。

第一家店顾客的人均单价很高，煮菜、剖鱼都是在下订单后才着手，需要提前准备的量不是很大，但营业开始后就忙得脚不沾地。

第二家店由于是大众餐厅，价格较为亲民，顾客进出频繁，流动量很大，提前准备的工作相当繁重。开始营业后的节奏和第一家店也不太一样。不过，我并没有担心自己会吃不消，内心全被再次回归餐厅工作的喜悦占据。

我刚进这家店时，后厨里除了主厨，加我只有三个人。为了让主厨早点把工作分配给我，凡事我都会认真做笔记，但有时忙起来根本无暇摸笔，我便趁休息或回家时，草草地在便签或笔记本上将当天见到的、学到的大致记下来。我想的就是，但凡主厨教过一次，我都要完全学会。

行家手里的料理不是说只要知道做法就能原汁原味做得出来。主厨在什么节骨眼上怎么撒盐、搅拌到哪种程度，每一道工序都很重要。比起手把手地指导，自己用心观察才能掌握得更透彻。从清早到深夜，整个人在工作时都紧绷神经，营业结束后常常一身疲惫。若是当天交给自己的任务没有按规定做完，我就会假装先回家一趟，然后再偷偷溜回店里，趁深夜将该做的工作处理完。

16 法式大众料理1
山羊奶酪沙拉

沙维尼奥勒圆形奶酪属于山羊奶酪的一种。略微烘烤的奶酪和新鲜蔬菜搭配，做法简单却美味，我在第一次尝到时颇受震撼。这道料理常被当作前菜端出，我非常喜欢吃。

材料（2人份）

蔬菜（生菜、红叶生菜、紫洋葱、彩椒、黄瓜等）—— 适量
法棍面包 —— 适量
沙维尼奥勒圆形奶酪（山羊奶酪）—— 2块
橄榄油 —— 适量
调味汁 —— 适量
盐 —— 适量

这样做——

1 清洗干净蔬菜，控干水分。
2 将法棍面包切成合适厚度的薄片。
3 将奶酪横切为两半，切口朝上放在法棍片上，淋上橄榄油，用200度烤箱烘烤5分钟。
4 蔬菜用调味汁拌匀后，摆上烤好的奶酪法棍面包，最后往奶酪上撒上适量的盐。

山羊奶酪味道独特浓郁，可能有人会吃不惯，可以拿其他常见的奶酪代替。面包香酥可口，奶酪黏稠诱人，蔬菜脆嫩清爽，三者堪称“黄金搭档”。

17 法式大众料理2 蓝纹奶酪牛排

平时做烤牛排时大都用盐、胡椒粉调味，利用煎肉时残留在锅底的精华和蓝纹奶酪一起做成酱汁，偶尔蘸着酱汁吃也很好吃，连吃不惯蓝纹奶酪的人也会喜欢。

材料（4人份）

生牛排 —— 200克（4片）
洛克福尔奶酪（属于蓝纹奶酪，也可用奶油奶酪代替）—— 30～50克
白葡萄酒 —— 50毫升
淡奶油 —— 200毫升
盐、胡椒粉 —— 各适量

这样做——

1 用平底锅将牛排煎熟，盛入盘中。
2 直接往平底锅倒入白葡萄酒，将锅底粘留的肉汁用锅铲铲下来融入汤中。
3 倒入淡奶油，放入蓝纹奶酪，充分搅拌融化。
4 撒上盐、胡椒粉调味后，将酱汁浇在牛排上。

*想要烤出美味牛排的6条注意事项

1 肉要恢复常温。
2 盐、胡椒粉要足量。
3 平底锅提前充分加热，直至冒烟。
4 煎烤过程中不去随意翻碰。
5 最初的一分钟内要用大火，耐心等待，然后转小火。
6 翻面前再次转大火收汁。

用煎牛排的平底锅直接拿来调制酱汁，残留的肉汁和精华能被有效吸收，做出来的酱汁口感更丰富。

无法信赖他人

餐厅后厨的工作十分考验体力和精力，尤其是我选的第一家店和现在这家店，都要求得格外苛刻，很少有人能长期坚持下去。有个别人甚至第一天早上来店里工作，到了中午吃完饭去休息后，便再也见不到踪影了。

我当时就想：不想干的话就趁早走人。和提不起干劲的人一起工作，远不如一个人干，乐得省心。抱着这样的念头工作时，不知不觉间变得无法相信他人。每次有新人来，我会心想：反正干不了几天就会辞职。

第一家店的主厨曾说我“很倔”，不会用人，到了第二家店依然如此。很多人辞职是因为工作太辛苦，也有人可能是受不了我的态度而离开。

我仍是改变不了自己，我也很讨厌这样的自己，悔恨、惭愧，却无可奈何。“哪怕只剩我和主厨两个人，我也绝不退缩。”后厨人员不断更换，久久稳定不下来，我便鼓起勇气向主厨请求道。

和懒散怠惰的人共事，连自己也会跟着心烦意乱。一个人的话，哪怕任务比较重，干起来也心情畅快，更有效率。我也明白：如果不招新人的话，不只是我的工作量会增加，主厨也一样。

本来就忙得脚不沾地的工作愈发让人焦头烂额。当时体力上虽然有些吃不消，但对我来说，工作很快乐。

在只有两个人的后厨里，主厨仍不改既往的严厉，总是冲着笨拙的我大声发火。无形中，我的压力陡增：为什么我总是干不好？不能信赖他人，还不懂得和别人合作。无比矛盾的是，心理上的压力指数和对店里工作的喜爱指数同步攀升。

身体与心灵

即使工作繁忙，我也想更多地了解法国。有时哪怕工作到深夜，我仍要抽出5分钟、10分钟去学习或阅读，然后才能安心入睡。休息日时凌晨5点就起床，和主厨一同前往筑地市场挑选食材，买完后直接折回店里，提前处理准备妥当，等第二天营业时就能稍微轻松一些。

我一直都对自己的身体充满信心，虽然总是做不好工作，但论起健康的话，我应该不会输给别人。不小心得了感冒时，趁午饭后的休憩时间睡一会儿，或是回家后立刻休息的话，很快就能恢复。

学习法语、看展览、看电影都需要花钱，虽然手头几乎没有什么积蓄，但幸好从未饿过肚子。回想起来，从在第一家店里就是这样，每次轮到我做饭时都会做很多，结果经常挨批评。我不但做得多，食量也惊人，店里的前辈总是偷偷将自己的饭菜分给我。第二家店的员工餐管足管饱，喜欢吃多少就盛多少，没有人指责，我好像还吃过三人份……理由很简单：吃不饱就没有力气工作。正因为每天都吃得好，我才能坚持在店里干下去。

很多人因腰不好而辞去后厨工作，为避免经常低头弯腰，大部分餐厅后厨里的作业台、燃气灶台都设计得比较高。我个头不高，便请主厨用竹板做了垫脚凳。但踩了一段时间后，我发现忙得连来回取放的时间都没有，后来就不用了。

握刀、装盘等工作大都要俯身低头来做，我费了很大力气才慢慢适应了作业台的高度。可就在继续埋头苦干时，我隐隐感觉手臂有些麻木。有一天在开店门时，忽然发现右手不怎么听使唤了，只好将左手扶住才好歹开了门。

“糟糕，握不住刀的话，该如何是好？……”我有些焦急，好在那天右手又稍微能自由活动了。为保险起见，跟主厨商量后，我趁休息时去了附近的一家医院。为我接诊的院长感叹说：“不得了！我看过这么多病号，从没有见过像你这样硬邦邦的右手。”那一刻，我才意识到，自己的身体不知何时变得很糟糕。“这段时间每天要来医院一趟。”我便按照医生的要求每天去院里治疗。

祸不单行的是，那时自己动不动就会猛地一阵咳嗽，便去药店买了止咳药。起初我以为只是感冒后遗症，过段时间就会消失，便没怎么当回事。我的工作还是很忙碌，咳嗽的症状也未见缓解。

我的右手仍发麻，我便去了趟骨科医院，结果被告知：“要想恢复，只能做手术。”很多人都热情地向我推荐或介绍骨科医院，我也试了很多家。但不论哪家医院，都像是专业运动员去的地方，一次费用就非常高，而且离我住的地方很远。

虽然不想把难得的休息日和金钱都花在治疗上，但为了早点治好病，定期去一家医院接受治疗。医生注意到我的咳嗽后，立马劝我："最好是找个靠谱的医生赶紧做下检查"，并介绍我去一家有专治咳嗽的名医坐诊的医院。检查后得知，自己原来是患上了哮喘。

当晚我躺在床上咳了一宿，整夜未能合眼。早上起床要去店里时，咳嗽发作起来，几乎快要窒息，我甚至想过说不定何时就会死掉。因为咳嗽过于频繁猛烈，我的肋骨出现了裂痕。但即便在这种情况下，我也打起精神坚持去店里工作。当病情极度恶化时，我才会去打点滴。

因为夜里无法安睡，再加上药劲较大，翌日头总是昏沉沉的，稍微闻点气味或受点刺激就想吐。即使如此，我仍没有起过请假或辞职的念头，满脑子想的都是千万不能因自己的病给主厨或顾客添麻烦。

该往何处?

第一家店、第二家店都是我主动找的，就像对待自己开的店一样，打心眼里喜欢并热爱。我在第二家店里工作了十年，差不多每天都会和主厨见面，也畅聊过很多。在店里时，我几乎不需要遮掩任何情绪，比在自己的家人面前还要自由。

干不好工作，总是受批评，不能信赖他人，还有哮喘，每天都很痛苦，但我并不在意。只要能在店里继续工作，我便心满意足。可是，我越来越不明白自己想要追求的是什么。在我内心里，始终有两个声音在争论。一个说："我想照现在这样在店里干下去。"另一个声音则嗫嚅道：

“不对劲，不对劲……”

跟我同期毕业的伙伴们纷纷独立开店，我看在眼里，羡慕在心里，却没有想过自己也去开一家店，反而升起了一股要去法国的强烈念头。越倾心法国，越想远离餐厅。

我想做的并非餐厅里提供的精致料理，而是更有人情味、质朴暖心的家庭料理。尽管在法国料理餐厅干了这么多年，感觉仍和自己追求的有些距离。“我不想做体面堂皇的餐厅料理，想学做家庭料理。”这一念头随着日子一天天的流逝而愈发清晰。

逃离的那天

店里每天都客满，忙碌依旧。我找过好几次主厨，商量辞职的事情。其间，餐厅也打算雇佣新人以便交接工作，但没有人能坚持下来。

我的心离店里的工作渐行渐远，和主厨之间也慢慢拉开了距离。两个人曾经聊得很多，但现在除了工作别无可谈。想去法国的念想越来越强烈，而店里的工作繁忙紧张，不知何时，自己连和主厨说话的机会都没有了……

终于有一天，一大早我便决定必须要再好好和主厨谈谈。主厨似乎是有所察觉，也可能是碰巧，午休时、晚上营业结束后，他一直在打电话，不给人留一秒钟搭话的空隙。

我的心情早已无处可以安放，鬼使神差之下，我冲动地用报纸卷起自己平时用的刀，留了张纸条后便离开了。

“非常感谢您多年来的照顾。”

在我离开前，也有不少人突然辞职，让后续工作变得一团糟。毕竟在店里工作了十年，这种不辞而别的方式要给店里带来多大的麻烦，我心知肚明。我明白自己可能永远回不到法国料理的路上了，但还是想逃离。

我非常喜欢这家店，待在店里的时间比待在租住的房间里还要长，跟主厨的聊天也远胜和家人的交流，还有支持我的前辈，至今所有的拼搏挣扎，一下子全被我远远抛在了身后。把自己逼到这种境地的，无疑就是心中那个莫名的想法。

然而，学做法国家庭料理又怎么样？想做什么？能做到哪一步？我完全没有头绪。可是我仍固执地坚信：我想做的绝不是餐厅里的那种料理。

我没有跟家人或朋友提到过自己的辞职经历，因为我连自己想要做什么都无法表述清楚。

Chapter 7

组建新的家庭

命运的相遇

自店里辞职后，我想马上就去法国，可是当时迫于经济拮据，为了维持日常生活、攒钱出国，我不得不去打工。

“总归要工作，那就去有法国人的地方。”我便找了一家有很多法国人工作的餐馆。第一是挣钱糊口，第二就是交上几位法国朋友多交流，说不定将来去法国后还愿意让我留宿，那时再麻烦他们教我做家庭料理。

过了三个月，我慢慢熟悉了大部分的工作，店里新来了一位做兼职的法国人。他叫罗曼，20岁，个头不高但壮实，感觉人很认真，是日本语言学校的学生。

他工作认真积极，就跟初见时的印象一样，很多任务都可以放心交给他。我和他租住的地方恰好在同一个方向，因为顺路，下班后经常一起走回去。

和法国人一同工作虽然愉快，但有时也让人感觉有点麻烦。法国人大都性格直爽，自由洒脱，交代任务时若不讲清楚，就不会主动帮忙，只做被吩咐的事情。少数法国人认为只要能领工资做好做坏都无所谓，工作起来聊个不停，怎么提醒都刹不住，一到规定下班点，店里再忙也会大摇大摆地离开。因为真心想要学习料理的人不多，无法去勉强，所以这也是没办法的事。

罗曼和其他人不同，做事一丝不苟，风趣幽默，一起工作时很开心。和罗曼一起工作两个月后，有一天，在回家的路上，他对我说："我想请你做我的女朋友。"

当时我35岁，比他整整大15岁。我以为他是开玩笑，当场便回绝了。罗曼便说："两个月后，如果我不改变心意，你会相信我吗？"

我确实到了考虑结婚的年龄，但罗曼才20岁，相差未免太大，心想：他应该很快就会改变主意。然而真的过了两个月后，罗曼不但没有动摇，还正式向我表白："我想以结婚为前提和你交往。"看着他一脸真诚的模样，我禁不住脱口回道："嗯！"我20岁的时候，自己在做什么呢？当时好像只考虑到了自我。后来才知道，在等我回复的那两个月里，他已和家人商量过要和我交往的事。

我俩总爱互相开玩笑，彼此被逗得合不拢嘴。国籍不同，思考方式也截然有别，我们发生冲突时会直言快语，从不遮盖隐瞒。浑然不觉间，我已喜欢上了年轻却有主见的罗曼。

当两人打算结婚时，我觉得不好意思打电话跟父母亲口讲，便发了一条短信。偶尔才跟家里联系的女儿，未经任何商量，突然决定要和小20岁的法国人结婚，爸妈看到短信时肯定是百感交集……

结婚派对

我和罗曼两人都没有什么储蓄，也不打算办婚礼，决定用派对的形式招待亲朋好友。地点是位于东京麻布十番一带的一家法国料理餐厅，老板是我在法国分校时的同学，服务员正是我在第一家店工作时很信赖的前辈。

每次我感到痛苦彷徨时，前辈都会耐心开导，帮我走出阴影，重拾信心。突然辞职时、被罗曼求婚时，我都征求过她的意见。无论何时，她都认真倾听我的想法，总是在背后默默支持我。

自己的结婚派对能在朋友经营的店里举办，让人深感缘分的不可思议。罗曼远在法国的父母也通过远距离视频参加了聚会，表达了对我们的祝福。

为庆祝我们结婚，店里特意做了泡芙塔。“泡芙塔”，顾名思义，就是一种用很多个泡芙堆叠起来的法式甜点。它与奶酪洋葱汤，常出现在法国人的结婚典礼上。

难得朋友精心准备了这么丰盛的料理，可能是由于紧张，又要招呼客人，那天我吃到的好像只有泡芙塔。不过，对我来说，在中意的店里接受众人的真诚祝福，那天是最幸福的一天。

半数以上的来客都是法国人，我突然发现，不会说一句法语的爸爸坐在法国人的中间，满脸笑容，兴致勃勃地比画着聊天。我不禁暗自感慨：“爸爸的沟通能力不可小觑啊！”

丈夫的法国家人

和罗曼结婚后，我也认识了他的法国家人。

罗曼的妈妈曾是一名料理人，但因为很难一边抚养四个孩子一边维持繁重的工作，就改行当了公务员。

罗曼兄弟姐妹共四人，但姐姐和哥哥、罗曼、妹妹分别拥有不同的爸爸，而且罗曼的爸爸和妈妈并没有结婚。罗曼的妈妈和现在的伴侣住在一起，生有一个女儿（妹妹）。罗曼的爸爸也有自己的伴侣，二人虽然没有孩子，但和前任女友有过一个女儿（姐姐）。

丈夫的家庭情况可能有点复杂，但罗曼的父母无法改变。父母离婚也好，组建新的家庭也好，对罗曼来说影响不大，亲子关系依旧持续。而在日本，父母如果离婚的话，孩子通常会被其中一方抚养，家庭关系也会跟着发生变化。在法国，父母和孩子的血缘关系将不同家庭紧紧地维系在一起。

结婚前，我和罗曼回了一趟法国，拜访他的家人。当这么多家人一下子出现在面前时，自己起初很惊讶。无论多少岁，父母都是特别的存在。即使分开生活，遇到重要事情或场合时，大家仍会同聚一堂，给人一种融洽友好的印象。

法国人常常举办家庭聚会。我自从到东京工作后就很少回老家，每年趁店里放寒暑假时才会回去一两趟，不过因为要做的事情很多，每次都只待一周。听妈妈说，我偶尔回老家探亲时，也会带上厚厚的法语词典，让

18 法国婚礼上的经典料理 1

泡芙塔

说起法国婚礼上的庆祝蛋糕，就不得不提泡芙塔。如果觉得自己做比较费事，可以用超市卖的成品代替（图中是迷你泡芙）。裹在表层的焦糖拔丝可以用融化的巧克力液或棉花糖代替。

◆ 泡芙塔（1个）

水 —— 120毫升

黄油 —— 50克

细砂糖 —— 30克

盐 —— 适量

低筋面粉 —— 100克

鸡蛋 —— 3个

生蛋黄 —— 1个（上色提亮）

◆ 奶黄酱

牛奶 —— 400毫升

生蛋黄 —— 4个

白砂糖 —— 70克

低筋面粉或玉米淀粉 —— 50克

香草精 —— 适量

◆ 焦糖糖稀

白砂糖 —— 15克

水 —— 2汤匙

这样做——

1 先制作泡芙。将水、黄油、白砂糖、盐放入锅中，大火煮沸。待黄油融化后，将用面粉筛筛过的低筋面粉全都加进去，用木铲拌匀。转中火，勤搅拌避免粘锅。搅拌均匀后，将锅从火上端下来，一次磕入一个鸡蛋，每次磕入时分别用打泡器拌匀。将做好的面糊装入裱花袋，挤出圆形，大小可自由调节，再往每个圆状面糊表面涂一层蛋黄液，用预热200度的烤箱烘烤20分钟，烤出漂亮的黄褐色即可。

2 接下来做奶黄酱。将牛奶倒入锅中煮沸；把蛋黄、白砂糖放入盆中，打发至发白后，撒入低筋面粉。

3 将热好的牛奶倒入盆中，边倒边搅拌，混合均匀后再回锅，开中火加热，用打泡器打发至黏稠状态，沸腾后熄火，加入香草精拌匀。

4 将做好的奶黄酱从锅中移至平底容器里，裹上保鲜膜放入冰箱冷藏备用。

5 用裱花袋将冷却后的奶黄酱注入烤好的泡芙中。

6 最后熬焦糖糖稀。将白砂糖和水（分量外）放入锅中开火加热，熬成焦糖色后加入2汤匙水。

7 将泡芙摆成圆锥形的同时，均匀淋上糖稀，如果能熟练拔丝，视觉效果更佳。

（迷你泡芙塔）

材料（1个）

迷你泡芙 —— 30个

巧克力板（黑色）—— 2个

糖粉 —— 1汤匙

这样做——

1 用隔层加热的方法将巧克力融化成液体。

2 边将泡芙堆成塔状边均匀淋上巧克力液，泡芙底部也用巧克力液固定。

3 最后均匀撒上糖粉装饰。

如果想堆得高高的，看起来又美观，就找一张干净的厚纸（画纸等）围成圆锥状，放在盘子中间，然后紧依纸筒往上依次叠放泡芙。担心做不好糖稀的话，可用巧克力液代替。

19 法国婚礼上的经典料理2
奶酪洋葱汤

想把洋葱炒成透明的糖色需要花些工夫，但洋葱汤做好后，你轻轻喝上一口，就会感觉顿时暖和起来，身心放松。洋葱切成丝后，用微波炉稍微加热一两分钟的话，能节省一些翻炒的时间。

材料（2人份）

洋葱 —— 2个
黄油 —— 15克
面粉 —— 10克
白葡萄酒 —— 50毫升
水 —— 500毫升
西式高汤卤块 —— 1～2个
盐、胡椒粉 —— 均适量
法棍面包（薄片）—— 4片
奶酪碎 —— 适量

这样做——

1. 将黄油放入热锅中融化后，放入少量盐翻炒洋葱丝，炒至糖色。
2. 撒入面粉微炒后，倒入白葡萄酒、水，放入高汤卤块，煮20分钟。
3. 用盐、胡椒粉调味后，将洋葱汤盛入耐热容器，将烤过的法棍面包放在洋葱汤上面，最后撒上碎奶酪，用200度的烤箱烘烤5分钟左右。

小贴士 糖色洋葱每次可以多炒一点，放入冰箱冷冻保存，做咖喱饭或炖煮料理时可直接拿来用。

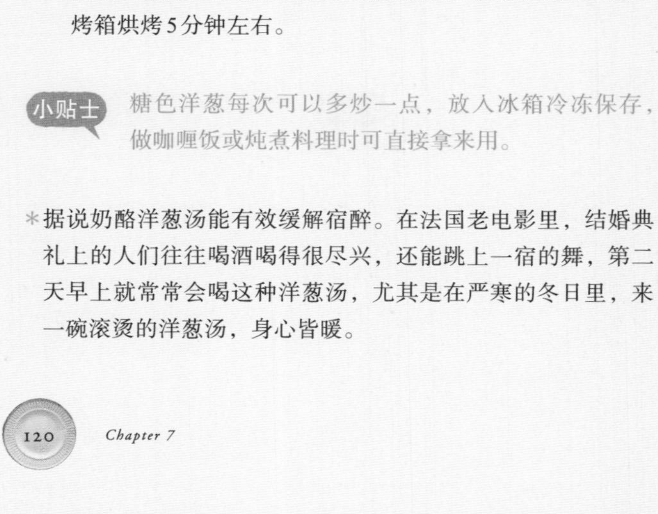

*据说奶酪洋葱汤能有效缓解宿醉。在法国老电影里，结婚典礼上的人们往往喝酒喝得很尽兴，还能跳上一宿的舞，第二天早上就常常会喝这种洋葱汤，尤其是在严寒的冬日里，来一碗滚烫的洋葱汤，身心皆暖。

这样做——

1 烤箱预热200度备用。
2 把咸派派皮放在专用模具中，静置10分钟，待恢复常温后，用手延展成合适的圆形，放入烤箱空烧。
3 将黄油放入平底锅，待融化后，倒入洋葱丝翻炒至糖色。也可根据个人口味放入大葱、西葫芦、香草等香辛料，丰富口感。（左图中只用的洋葱。）
4 将鸡蛋、淡奶油、牛奶、80克格吕耶尔奶酪碎、马斯卡彭奶酪、盐、胡椒粉放入盆中，搅拌均匀。
5 趁空烧的派皮热气未散时，撒上20克格吕耶尔奶酪，将步骤3中炒好的食材和油煎过的培根均匀摆在上面，倒入步骤4中的蛋液，再撒上奶油奶酪碎和剩余的格吕耶尔奶酪。
6 放入烤箱，烘烤30分钟左右。

小贴士 咸派派皮提前空烧备用，烘烤后先撒上一层奶酪，烤出来的咸派味道会更香浓。

Étape 1

Préchauffer le four à 200°C (thermostat 6–7).

Étape 2

Etaler la pâte dans un moule et piquer le fond avec une fourchette, la précuire 10 mn au four.

Étape 3

Faire revenir légèrement à la poêle les oignons (sans les colorer).

Étape 4

Dans un saladier mélanger les œuf, la créme, le lait, le mascarpone (pas obligatoire), les épices et gruyère râpé.

Étape 5

Sur la pâte déposer
–Un peu de gruyère, puis y mettre les oignons, y déposer les légumes (facultatif) ou les dés de jambon ou de lardons au choix.
–Recouvrir avec l'appareil (le melange), y déposer les petits morceaux de Kiri et les tomates pour la couleur (pas obligatoire) c'est selon votre envie.
–Parsemer de nouveau de gruyère râpé.

Étape 6

Mettre au four pendant 30 minutes.

Pour une autre variante

On peut ajouter des legumes, soit des poireaux ou des courgettes ou les deux que l on fait aussi revenir a la poêle.

*上述法语是法国婆婆实际写的，可能与日语不一致，请谅解。（P.126～127相同）

20 婆婆亲传的法式咸派

咸派放有大量奶酪，极为香醇浓郁，婆婆每周必做。
对罗曼来说，这就是“妈妈的味道”。

材料（直径24厘米）

咸派派皮 —— 1个（直径24厘米）	1 rouleau de pâte feuilletée ou brisée
格吕耶尔奶酪 —— 120克	120 g de gruyère râpé
奶油奶酪（Kiri牌单独包装）—— 3块（其他牌子也可）	3 Kiri (coupés en petits morceaux)
洋葱 —— 1个	1 gros oignon (finement coupé)
马斯卡彭奶酪 —— 100克	100g de mascarpone
鸡蛋 —— 4个	4 œufs
淡奶油 —— 200毫升	20 cl de crème fraîche liquide
牛奶 —— 200毫升	20 cl de lait
盐、胡椒粉、黄油 —— 各适量	Sel, poivre, beurre
培根 —— 50克	50g de lardon

21 婆婆牌烤蛋糕

婆婆从自己的妈妈那里继承老一辈的做法后，花二十年的时间不断改进，形成了一套烤蛋糕秘籍。烤出来的蛋糕绵软质朴，火候绝佳。

Mon Gâteau de Savoie de Maman

材料（直径28厘米）

砂糖 —— 250克	250g de sucre
低筋面粉 —— 130克	130g de farine
玉米淀粉 —— 70克	70g de maïzena
鸡蛋 —— 6个	6 œufs
蛋清 —— 2份	2 blancs d'œuf
泡打粉 —— 7克	7g de levure
香草精 —— 2～3滴	2～3 gouttes d'essence de vanille

这样做——

1 将砂糖倒入盆中，磕入5个蛋黄、1个鸡蛋，搅拌至发白状态。

2 加入低筋面粉、玉米淀粉、泡打粉。

3 另准备1个盆子，磕入7个蛋清打发。将打发好的蛋白添入步骤2中，轻轻搅拌均匀。

4 往做好的面糊中滴入香草精。

5 将面糊倒入提前用黄油和面粉（分量外）均匀涂裹的模具中。

6 用预热180度的烤箱烘烤15分钟，然后调至160度，继续烘烤35分钟。担心蛋糕表面会烤煳的话，可以铺上一层锡纸。

小贴士 婆婆用的蛋清相应较多，加上掺有玉米淀粉，烤出来的蛋糕入口松软。食谱在一代代人的精心改良中得到了传承，下一个就轮到自己啦！

Étape 1
Mettre les 250g de sucre avec 5 jaunes, l'œuf entier ainsi qu'un sachet de sucre vanillé, melanger jusqu a ce que l'appareil blanchisse.

Étape 2
Y incorporer 130g de farine, 7g de levure et mon petit secret, aussi 70g de maïzena.

Étape 3
Monter les blancs en neige mais mon petit secret 7 jaunes pour 5 jaunes c'est a dire 2 blancs de plus.

Étape 4
Mélanger délicatement les blancs à l'appareil.

Étape 5
Beurrer et fariner votre plat (rond) c'est mieux.

Étape 6
Chauffer votre four à 180° y déposer le plat, au bout de 15 minutes descendre a 160° pendant les 35 minutes restante (50 minutes en tout).

Remarque

Surveiller la cuisson, au bout de 30 minutes au besoin, on couvre avec un papier Alu ou autre (si le gâteau est apris une couleur trop foncée). Planter la pointe d'un couteau, le gâteau est cuit si le couteau ressort propre. Démouler et laisser reposer avant de déguster.

她特别惊讶，觉得我太不通晓人情。

可能正是因为和家人相处的时间不多，所以我才更喜欢法国家庭的那种温情。在法国，街头随意就座的餐厅很少，KTV等娱乐设施也不多，所以家人围坐在一起悠闲享用家宴是每天的乐趣之一。

每当法国的家人来日本时，我和罗曼常常陪他们到各处去玩，想让他们品尝不同风味的美食，给他们介绍各种各样的景点。他们却说："太累了，就想在家里好好休息。"

婆婆有一手好厨艺，常通过网络分享自己做的美食。为了我这个想学法国家庭料理的儿媳，她还专门帮我注册了一个料理专用账号。

婆婆做的料理虽然称不上精致，但我很想学习。法式咸派可能有坍塌，饼干也许烤得有点糊，但正是这些不完美才使食物看起来更加诱人，家庭料理的朴素和美味自然显现，让人无法拒绝。

我也想像婆婆那样做出饱含诚挚心意的料理。

公公住在郊外一栋带有大院子的房子里，在院子里种应季的蔬菜，养兔子和雪貂。兔子用来吃肉，雪貂则是在狩猎时用来狩猎。公公一到冬天就出去打猎，捕到野猪或鹿时，解剖分解后就储藏在地下冰库里。据说养猪时，香肠什么的也自己做。

我们去公公家时总会一同外出购物。公公虽是大男子汉，但对食材非常讲究，十分健谈，我很喜欢边买东西边听他滔滔不绝地讲各种有关食物的趣闻。

法国露天集市

法国人和露天集市

和罗曼的家人一起外出购物时，我们经常会去露天集市。哪家的肉质量比较好，哪个摊位卖的蔬菜新鲜，都可以凭经验去中意的店家购买，顺便还能和店家聊上几句。

露天集市有点像日本的老商业街，人声鼎沸，吆喝声、问候声不绝于耳，到处洋溢着一种热闹轻松的氛围。挑选食材时，店家会告诉你哪些菜是应季的，还会热心地教你怎么做才更好吃，有时甚至会聊聊近况。

法国人特别健谈，无论何时何地，哪怕是陌生人也能聊上很久。我常常想："要是在日本也能像法国人那样，和素不相识的人就食材多聊几句就好了。"

我现在应邀兼任"料理人培训讲座"的讲师，可以跟学生们聊各种有关料理的话题，和形形色色的人交流时非常愉快。在家里做饭时，我常做自己的拿手菜，但通过和别人交流，无意中就学习到一些新做法。

甜菜

法国人每次购物时都会买很多东西，我第一次见时感觉很新奇。因为在日本超市里，食材都是一点点分装在塑料盒里，或一把把单独包好出售的，而法国市场上的“一把”与日本不同，量很大，水果也是按公斤来卖。日本人钟情于新鲜的蔬菜，而法国的蔬菜或肉本身味道就比较浓，所以法国人做饭时，即使口味清淡，但食材都做得很入味。

据说巴黎城内分布有80多处露天集市。低矮狭窄的摊位上，五颜六色的蔬菜挤挤攘攘地并排摆着，光是从前面经过就不禁让人怦然心动，惹人驻足。

罗曼的家人平时爱吃马肉，想用马肉做烤排时，就会去马肉专卖店买。肉店里的肉也不像日本那样提前加工（厚片、薄片、绞肉等），而是计重称卖，顾客想买多少，店家就会切多少，需要碎肉馅时，店家会当场绞好。住在日本的法国人最头疼的是，想买大块肉做料理时，不知

番红花

熟食

道去哪里买。法国的露天集市不仅卖蔬菜、肉类，还卖鱼、奶酪、书、衣物、杂货等各种东西。

法国人十分喜欢晒太阳。即使严冬时节，阳光格外强烈，人们仍会外出锻炼或放松。在公园、河边，常常能见到吃三明治或看书的法国人。在晴朗的日子里，去露天集市里闲逛一圈，也是法国人的一大乐趣。

法国传统野味料理

在法国历史影片里，贵族们骑马外出狩猎的画面频频出现。对于王公贵族来说，狩猎是一项重要的休闲活动。早在路易十四（1643～1715年在位）时期，炖兔肉就已出现。这道菜如今在法国的餐厅或普通人家的餐桌上也常能见到。

法国料理的魅力之一就是，很多食物都拥有悠久的历史。对原本属于狩猎民族的法国人来说，野味料理（狩猎时捕获的野生鸟兽）在饮食文化

各种各样的奶酪

刚开始在顾客家里做饭时的情景。

中根深蒂固。每年从秋到冬，值狩猎黄金时期，肉店里会出售各种各样的野味。在法国，像公公一样，将狩猎当作爱好的大有人在。

走向新世界

我结婚相对较晚，办完婚礼后立刻就想到：万一怀孕了，工作怎么办？

当时在餐厅工作，即使是打工，也是从早上站着工作到深夜。当时大部分工作都交由我来负责，包括管理和指导在店里打工的法国人。虽然特别忙碌，但既然交给自己的话，我就不愿敷衍了事。要做就做好，做不好就换工作。我便考虑：无论怀孕期间还是孩子出生后，我都想找一份可以活用以往的经验，跟料理特别是法国家庭料理相关的工作。

在一番思索后，我突然想到了上门料理人。我认识的法国朋友中，有好几个人都做过照顾孩子兼做饭的工作。这样一来，我既能继续做喜欢的料理，也可以走进法国人的家庭，而且要比在餐厅工作时间更自由，应该能学到很多。

我试着找了找，最后在一家网站“家务助手”登记了相关个人信息。后来，我便趁怀孕辞去餐厅的工作，做起了按照自己的节奏服务的上门料理人。因为，即使有妊娠反应，也可以根据身体状况来工作。

刚起步时我很不安，担心没有多少顾客会选择只负责做饭的“上门料理人”。而实际上，刚开始的任务确实大半以上都是和打扫整理有关。因为当时提起家政服务的话，大多数人会联想到做扫除。虽然和自己的期待相比有落差，但为了维持生计，只要是能做的，我都没有拒绝。

做家政的工作除了罗曼外，我没有跟任何人提起过，也不敢告诉送我去专门学校学习料理，甚至出国留学的父母。父母每次问起时，我都找理由搪塞了过去。所有的“煞费苦心”，都只是为了更接近自己心中的理想。

搬进古民居

我刚怀孕时，和罗曼住在位于东京中心地带的一处狭窄的公寓里。有一天罗曼和我商量：“等孩子出生后，家里人就多了，我想找一处更宽敞的房子住。”他说得很有道理，两人便开始物色房子。我提的条件有三个：可改造，能养猫，独家院（一户建）。当然，房租越便宜越好。与上述三个条件相比，我对地段和房龄则不在意。

可能是受外婆的影响，我从小就对古民居感兴趣，加上罗曼也有“想自己动手改造”的愿望，老房子正好能同时满足。很多法国人都喜欢动手收拾住的地方，将房子改造成自己喜欢的风格。

每天下班后，二人一起去寻找新住处。那段时间里，我对新生活充满了期待，感觉很幸福。我们最终找到一座独家院，它离市中心比较远，加上相当古老破旧，光是看照片的话，根本不想入住。

和房屋中介一起去实地考察时，我围着房子转了一圈后仍然感觉："住不成！"但是，一进去，我就觉得："这里正好啊！"古旧的玄关和外婆家极其相似，窗缝虽然有点跑风，但磨砂玻璃的模样很漂亮，深合我意。院子里杂草丛生，不过清理干净后，就能自由养花种菜。罗曼到最后都不太情愿，我却打定了主意。

更让我开心的是，老房子门前有条小路，两侧樱树夹道，和罗曼在法国的老家环境相似。我说服了罗曼，决定在这里安家。扔掉旧榻榻米，铺上新地板，墙壁也都要重涂一遍……在正式入住前，光收拾就很费工夫，虽然要做的事情很多，但我的内心仍溢满兴奋和憧憬。

空白记忆

搬家前的一段时间里，罗曼和朋友将新家打扫干净，做好了入住的准备工作。市中心的妇产科医生介绍我去离新家较近的一家医院做健康检查。不久前做检查时，医生确认到了胎儿的心跳。这次宝宝应该又长大了些，在第一次去新医院的路上，我不禁浮想联翩。

新医生是一名男性。"上次检查时，医生说测到了孩子的心跳……"我躺在床上边接受检查，边紧张地等着医生的回复。"哎……很遗憾，孩子没有心跳了……"我的大脑霎时一片空白。医生又反复检查了好几次，结果都一样。接着，他像是担心刺激到我似的，淡定地告诉我怎么处理。我整个人就像傻掉般，一动也不动。

护士将我带到其他房间，再次告诉我：“孩子没了。”我始终不愿相信，不停地在心里喊道：“撒谎！怎么可能会这样？肯定是弄错了……”明明想哭，却流不出眼泪。

我不知道那天自己是怎么回的家，刚走进院子后，就听到罗曼兴奋地说：“欢迎回家，检查怎么样？”我将正在擦地板的罗曼喊到了外面，看到罗曼的瞬间，眼泪一下子夺眶而出。“孩子……没了……”我用力吐出了这几个字。罗曼紧紧抱住我，安慰着快要崩溃的自己。之前，我从未在罗曼面前流过一滴泪。

我恨透了自己：年轻时拼命工作，忽视睡眠时间，将身体弄得虚弱不堪，所以才会失去宝宝。（后来我了解到怀孕初期流产并不主要是由母体造成的。）那一刻，我第一次后悔自己执意要踏入料理人的世界。因为我，孩子才会没了……

但是，再自责再悔恨，也不能耽误引产手术。怎么去的医院？怎么躺下的？医生嘱咐了什么？那一段记忆完全变为空白。当时，罗曼应该一直陪在我的身边，但我完全不记得他说了什么。和未曾谋面的宝宝告别的那天，似乎从我的记忆里彻底消失了。

仍要前行

做完手术休息数日后，我又开始外出工作。整日待在家里消沉也无济于事，而且太闷，不如让自己外出工作，顺便透透风。

有的顾客知道我怀孕的事，出于礼数，我把流产的事一一告诉了她们。为了不让大家担心，我尽量开朗地说。

我的顾客大都是有宝宝的职场妈妈。每当看到这些小孩子时，我心里都异常难受。不过在和大家聊天时，才知道很多人有过这样的经历。

年轻的妈妈们都很理解我内心的痛苦，纷纷安慰、鼓励我，那些温柔的话语抚慰了一颗受伤的心灵。我重新打起精神，每天忘我般投入工作，不给自己留一点回想逝去生命的闲暇。

每次上门做饭需要三个小时，一天内要转上两三家，加上花在路上的时间，几乎一整天都要在外面奔波。顾客的家分布不一，我往往早上7点多出门，到晚上10点过后才能回到家。

尽管如此，我仍然很喜欢这份工作。和每天站在狭窄的后厨、夜以继日地工作不同的是，我可以去各种地方，和各种各样的人见面、聊天，自己的视野和世界仿佛一下子开阔了。

多亏这份工作，我认识了很多人。十分感谢每一次的相遇，为了能让顾客脸上露出开心的笑容，我不遗余力地去做好手头的事情。不知何时，曾经那颗受伤的心灵也慢慢得到了愈合。

新的生命

流产过去八个月后，我发现自己怀孕了。因为第一次的意外，比起高兴，我更担心。不过，我并不害怕生孩子。工作顺利进行，转眼就迎来了临产期。孩子的体位是双脚朝下，所以我们选择剖宫产。

上门做饭的工作一直干到在生产的前两周。我很欣慰能和肚子里的宝宝一起制作料理。入院前的两个星期，我一直待在家里，校阅第一本书的原稿，邀请朋友来家中聚餐，度过了一段从未享受过的悠闲时光。

宝宝出生的那天，罗曼始终陪在我身边。我觉得自己很耐疼，但生孩子时的痛非比寻常，特别是麻醉药效过后，简直是疼痛欲绝。然而，当第一次看到孩子漂亮可爱的面容时，一切的痛都被忘得一干二净。2.84公斤，元气满满的男孩，像极了爸爸。

我迫不及待地想要回家，便提前出院，抱着儿子回到家，两只猫戒备又好奇地看着。我想尽早恢复工作，在儿子满月后，便一点点开始工作。当我能带儿子外出时，如果顾客允许，我便带着儿子上门工作。有时顾客会主动帮忙照看，有时我就背着孩子在厨房里忙活，有时顾客家里的宝宝会和儿子一起玩。如果我在餐厅工作的话，就不会这么受照顾了……

实在腾不出手时，我还请朋友来家里帮忙照顾儿子。双方父母都不在身边，多亏周围人热心伸出援手，我才能正常工作，衷心感谢。

更让我欣慰的是，孩子因自小和很多人见面，受到大家的宠爱，很像个小小男子汉，进入幼儿园后从未因害怕或孤单而哭过。有时我工作到很晚才去幼儿园接他，发现他和大孩子一起玩耍时，一点都不胆怯或畏惧，和谁都能玩到一块。转眼间，儿子一周岁了。

上门料理人的工作

纠结彷徨中的发现

刚开始去别人家里做饭时，除了罗曼，我没有告诉过任何人。明明做好了不能回到法国料理世界也没关系的心理准备，却仍有种自己是法国料理家的奇怪的自尊心。虽与钟爱的法国料理渐行渐远，但没有想过要辞掉手头的工作。只要是力所能及的事情，哪怕是做扫除，我都努力做到问心无愧。

除法国料理外，其他料理的做法、如何保鲜、营养怎么搭配，要学的东西数不胜数。在换乘的电车里，或回到家后，只要有片刻闲暇，我都会不停地调查学习。

去顾客家里做饭时，为了能让更多人品尝和了解法国家庭料理，我经常会将其列入菜单。从未吃过法国料理的人、曾在欧洲住过的人，包括小孩子等在吃过后纷纷赞不绝口。我做的法国料理并不是特殊日子里才吃的精致料理，仅是自己想做的而已。

在每晚的餐桌上，哪怕仅仅摆上一道法国料理，如果能让一家人不用介意艰深的法语菜名，不用纠结条条框框的吃法或规则，轻松开心地享用的话，我就很知足。

而且最重要的是，忙碌的妈妈们下班回家后，可以从做饭的压力中解放出来，全家人一起悠闲地吃一顿饭。

法国人边惬意聊天边品尝食物的温馨场景，似乎正在经由我的双手，重现在不同的家庭里。“对啊，就是这种感觉，我想做的原来就是这个！”恍然大悟的刹那间，长年缭绕在眼前的迷雾消散殆尽。

我总觉得不对劲，始终不明白，一直痛苦彷徨。而在苦恼、纠结、逃离之后，我终于寻觅到了心中的答案。

去陌生人家里做饭

我长年都在餐厅后厨工作，突然要去陌生人家里做饭时，说实话，最初有点不太习惯。

在餐厅后厨里，器具、食材、碗盘等应有尽有，加上每天使用，很容易上手操作。但不同人家里的厨房都不一样，器具、食材、调味品、燃气灶、火候、收纳场所等千差万别。另外，顾客的家庭环境、家庭结构也不尽相同。

来餐厅就餐的顾客，都是自己选择好餐厅后登门。工作人员只需团结一致，做出最棒的料理。上门做饭的话，我就要为顾客量身定做饭菜。每个人对味道都有各自的喜好，有人口味重，也有人口味清淡。若顾客家中有宝宝或老人，我就需要注意把饭菜做得软烂些。若有正值长身体的孩子，食欲一般很旺盛，就要多做些肉食。若有正在减肥的人，适当控制糖分的料理更会受欢迎。如果家里有即将参加运动会的孩子，做些能装便当的配菜，说不定能帮到妈妈们。若顾客收到父亲从老家寄来的成箱土豆，又没空去买东西，希望我能搭配家里存储的干货或副食罐头做菜时，我就会遵从顾客的意见去考虑菜单。

总之，在顾客的厨房里做饭时，不能只盯着冰箱里的食材，要细心观察家庭情况，捕捉有效信息，灵活融入食谱。这样一来，在双手忙活的同时，脑海中就会想象出一家人享用饭菜时的场景，自然就能像为自己的家人做饭时那样，做出饱含诚意的美味料理。对于一个料理人来说，这无疑是至上的幸福。

我不只做法国料理，像炖菜、炸鸡块等日式料理，茄子青椒炒肉、糖醋虾仁等中华料理，西班牙煎蛋卷、奶油炖三文鱼等西餐，也都会适当地编入菜单，流派不拘一格。学习制作各种各样的料理，既丰富技能，又增添乐趣，可谓乐此不疲。

简单的食谱

我去顾客家里工作时，需要在三个小时内做出够一周吃的食物，必须得思考怎么才能让顾客吃不腻。从开始到现在，除了做了十几年的法国料理外，和食、中餐、西餐一直都是搭配着做。

在法国，大部分人每天都只是吃传统的一成不变的家庭料理，并不像日本，在家里就能吃到各种风味的料理，食材也能轻松买到。

日本的书店书架上摆着各种各样的料理书，分类细致，让人不知道该如何选择。我在买参考书时，会尽量选择食谱比较简单的。食材、调味料越多，要把它们全都凑齐就越麻烦，也很难平衡味道。

时间充裕的话，大多数人都愿意做点费事的料理犒劳一下自己，但每天都要忙于工作，能用来做饭的时间并不多。所以说，用简单的食材，花一点点功夫，掌握住要点，就能做出可口料理的话，自然是最理想的选择。

22

人气常备菜1
茄子青椒炒肉

顾客家里大多备有茄子、青椒，青椒青味较重，小孩子一般不太爱吃，但用味噌简单调味，就会很受欢迎。

材料（4人份）

茄子——4根
青椒——3个
五花猪肉——250克
蒜瓣——1个
生姜——1片
色拉油——适量

◆ 混合调味料
味噌——半汤匙
酒——1汤匙
味淋——1汤匙
砂糖——1茶匙

这样做——

1 将茄子、青椒切成滚刀块，五花猪肉切成适当尺寸的薄片。
2 往平底锅里倒入色拉油，先炒茄子。待茄子发软后，放入青椒微炒，盛出备用。
3 将切碎的蒜瓣和生姜、猪肉片放入平底锅炒熟，再倒入炒好的蔬菜，淋上混合调味料均匀翻炒。

蔬菜和肉分开炒，可以避免炒过，味噌也可以使食材入味。

23 人气常备菜2 西班牙煎蛋卷

如果担心蛋液会粘锅，中途趁蛋液未凝固时盛出再回锅，就能轻松解决。煎蛋卷放有大量蔬菜，营养丰富，既可当早餐，也能做便当。

材料（4人份）

土豆 —— 2个
洋葱 —— 1个
红彩椒 —— 1个
青椒 —— 2个
培根 —— 4片
鸡蛋 —— 6个
盐、胡椒粉 —— 各适量
色拉油 —— 适量

这样做——

1 土豆带皮清洗干净，裹上保鲜膜，用微波炉（600瓦）加热6分钟左右，确保土豆熟透。
2 往平底锅中倒入色拉油，将切丁的洋葱、红彩椒放进去，撒上少量盐翻炒。
3 待洋葱、红彩椒炒好后，将切丁的青椒、培根添加进去略炒，最后放入切好的熟土豆块，撒上盐、胡椒粉调味。
4 均匀淋上打散的蛋液，整体半熟后盛出。
5 清洗平底锅，另外倒油，食材回锅，耐心将两面煎烤上色，凝固后即可盛出。

小贴士 中途不及时盛出的话，食材就会容易散掉，影响美观，最好趁蛋液半熟时盛出。

24 人气常备菜3
奶油炖三文鱼

与生三文鱼不同，咸三文鱼更易买到，适合做西式炖煮料理。鱼肉本身盐味充足，做奶油炖菜时口感突出，不用另外调味。

材料（4人份）

咸三文鱼 —— 4块
洋葱 —— 1个
胡萝卜 —— 1根
土豆 —— 1个
口蘑 —— 1盒（100克左右）
芸豆角 —— 4根
水 —— 200～300毫升
西式高汤卤块 —— 1个
牛奶 —— 400～500毫升
黄油 —— 20克
面粉 —— 20克

这样做——

1 将切好的洋葱片、胡萝卜段放入锅中，轻轻翻炒。
2 加水煮沸，撇去浮沫，放入高汤卤块，盖上锅盖小火炖煮。
3 待胡萝卜煮软后，往锅中添入土豆块和口蘑，煮熟后倒入牛奶。
4 沸腾后，将三文鱼块、切好的芸豆角放入，最后用搅拌好的黄油和面粉勾芡。

小贴士 做奶油炖菜时，勾芡的方法有很多，直接用白汁酱熬炖，或是用牛奶熬煮，再放入黄油、面粉。牛奶加热后容易分层，尽量注意不要煮过头。

灵活利用食材

平时我们总想顺手扔掉的蔬菜，实际上大多还都能用。像胡萝卜片、干葱等，在做炖煮料理时添进去，就能很好地调味。白萝卜或芜菁的叶子焯水后，可在做炖菜或汤时加点，增加色彩。

料理做好后，还要考虑一下造型。比如，装盘时要注意露出全部的食材，青椒、香菇等蔬菜表里不同，可适当调整摆放的方向，使之看起来更漂亮。卷心菜、白菜等叶类蔬菜外表和内部的颜色、口感也都不同。你打

算使用半个卷心菜时，尽量不要从外层剥，直接切成两半更合适。面对同样的食材，我们花一点点心思，就能做出美味又赏心悦目的菜品。

孩子讨厌吃蔬菜时

顾客大都希望不爱吃蔬菜的孩子和丈夫能多吃些。作为一名妈妈，我感同身受，积极赞成。

若是本身味道独特或有青味的蔬菜，可用大量的水充分炖煮。比如，很多人不喜欢吃胡萝卜，只要往足量的热水中撒入一把糖，慢慢地把胡萝卜煮软，待水分快没时，加入黄油。这样的话，黄油的味道就不会被冲淡，胡萝卜香甜可口，孩子大人都爱吃。

卷心菜、白菜或洋葱等煮得越软就越甜，我在做味噌汤时，常会提前把菜煮软一些后再放进汤里。而菠菜、小松菜等不适合久煮但青味较重的绿色蔬菜，用孩子喜欢的番茄酱、白汁酱、咖喱等简单调味后，就会很受欢迎。

法国讨厌吃蔬菜的小朋友比日本少，也许是他们从小就吃蔬菜泥或蔬菜浓汤的缘故，所以长大后依然喜欢。

那蔬菜泥或蔬菜汤是怎么做的呢？很简单，煮软后压碎或搅碎。日本人做炖煮料理时蔬菜都不会煮太久，但试着多炖一会儿，平日的料理也许会产生新的味道。

给一成不变的味道来点变化

“人是铁，饭是钢。”我们每天都要吃饭。但是，很多人总会不自觉地倾向于做自己常做的饭菜，家人总是吃同样的食物。

我想让顾客们吃得满足、吃得开心，尽量尝试做各种各样的料理，但不知不觉间，我还是会做拿手的饭菜。这种时候，我就会试着来点变化。

例如，做土豆炖肉时，用西式高汤代替日式出汁，最后放些小西红柿来点缀；烤御好烧时不拘泥于卷心菜，放些彩椒、培根等，拿蛋黄酱和番茄酱代替专用酱汁；熬白汁酱时，加些水、白葡萄酒，或放些百里香、月桂叶等，看看是否能改变些风味……

妈妈们如果时间紧迫，很难集中精力去挑战制作全新的料理，不妨像上面那样给一成不变的家常饭菜做点改变，做出有别于平日的美味。

失败孕育成功

在三个小时的有限时间里，要做出十几样饭菜并不容易，我有时也会失败：肉煎得有点过，油炸前要裹面衣时突然发现没有面包糠……

这时候不要着急，只管想办法补救。将煎过头的肉切成肉丝或肉条，拌上其他食材做成沙拉，或是沾层蛋液，煎成鸡排或做成炸鸡块。有时候我很惊喜地发现，这些急中生智中产生的创意料理味道竟然也很不错。不仅是法国料理，像法式苹果挞、洛克福尔奶酪、马铃薯片等，实际上都是在失败中诞生的。

所以说，即使失败了也不要害怕，抱着从中创造出新料理的心态继续做的话，应该会从中学到很多东西。

顺便一提，炖煮时若发现锅底糊了，为了不让煳味扩散到整个锅里，尽量不要翻搅，将食材用勺子一点点舀到干净的锅里。

利用现有食材做饭

去不同人家的厨房里做饭时，不到现场的话，就不清楚对方家里到底准备的有什么。刚开始做这份工作后，我在考虑菜单时总是不自觉地想："要是有这个那个的话，就能做什么什么菜了……"但在不断的实践中，我的思维方式逐渐发生了变化："若没有哪种食材，就想想可不可以用其他东西替代。"

比如，顾客备有猪肉，想做青椒肉丝，但没有青椒、竹笋，就用豆芽、小松菜代替。有干乌冬面和虾仁的话，用鱼露、梅肉干、砂糖制备些酱汁，做出泰式炒河粉。没有韩国大酱，就用味噌、酱油、砂糖来代替。

咖喱粉中加入很多香辛料，做炸鸡时往面粉里稍微加一点，味道会更香。

现在我在做饭时，不再去想“只用现有的食材去做很难”，而是想“只用现有的食材去做更轻松”。理由是，不用费力去凑齐所有的食材，也省去了做饭中途慌里慌张出门购买的麻烦。

勤擦灶台

不管是去顾客家工作还是在自家做饭，灶台必须要收拾干净。

灶台上油迹斑斑，每当看到时心烦意乱。若视而不见、放任不管的话，油迹会因灶台的热气变得更加顽固。所以，煮沸的汤汁不小心溢出、热油溅出、酱汁溢出时，养成及时迅速擦拭的习惯，最后收拾时就会轻松很多。我常常会在灶台上放一个打湿的厨房纸巾或抹布，想擦时顺手就能够到。

常备两个案板

我家有一大一小两个案板。日常做些简单的饭菜时，通常会用小案

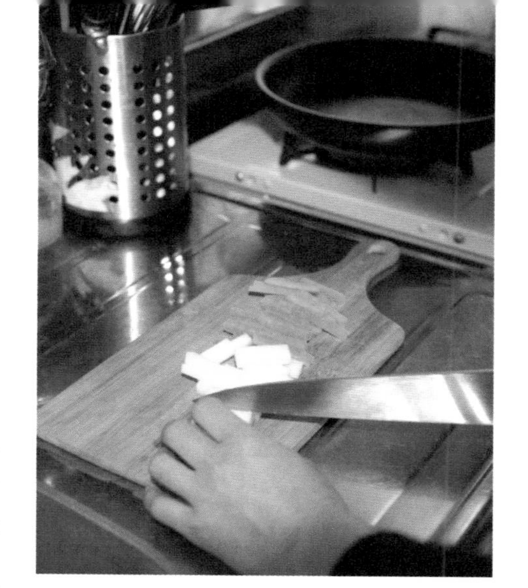

板。需要切大量蔬菜或在家里招待朋友，或揉擀面团、切分烤肉时都用大案板。小案板容易清洗也不碍事，便于放处理好的肉、鱼、蔬菜等。

菜刀变钝时

在餐厅工作时，每周都要研磨菜刀，我常因磨不好刀遭到主厨训斥。现在，我往顾客家做饭时，不能随身携带自己的刀具。而在用顾客家里的刀切菜时，经常会碰到刀钝的情况。

自己不能赌气说："刀不好使就没法工作。"但手握这种钝刀时，不自觉就想用劲儿去切。比起用蛮力，不如想办法先把刀磨好，这样能省很多力气。办法很简单，找一个瓷碗，将刀身紧贴碗底来回滑几次，刀刃就会恢复锋利。要注意的是，不要滑磨太过，轻轻滑上几下就足够。你感觉家里的菜刀有点钝时，不妨试一试。

切菜要均匀

在米其林三星级餐厅研修期间，逢处理个别食材时，主厨往往要拿着计量秤或比着尺子去切，目的只有一个：要切均匀。

我待过的两家法国料理店里也同样要求严格，哪怕最后只是用来提味并会过滤掉的香味蔬菜，主厨们都会交代我尽量切成相同尺寸。食材大小统一利于味道均衡。在家里切菜时尽量大小一致，好处多多：火候均匀，成品美观。做青椒肉丝时一般要求食材切得细细的，但一味追求细的话就很难切匀称，所以不用太讲究细，稍微切得宽一点大一点，好看又美味。

营养均衡的饭菜不易让人发胖?

法国人大都吃得很好，罗曼的家人自不必说，连在咖啡店、餐厅里小坐的老爷爷老奶奶，食欲也很旺盛，我每次看到时都会暗自惊叹。

法国料理给人的印象是常会用到高热量的黄油、淡奶油，然而法国人大都体格魁梧，身体结实，却少有肥胖之人。

法国人嗜好肉食，但他们吃的肉里脂肪并不多，大多是瘦肉。虽然也会吃面包，但多是蘸着盘子里的汤汁吃。最关键的是，前菜或配菜里放有丰富的蔬菜，肉菜的营养搭配比较合理。

除此之外，法国人还会喝点葡萄酒或吃些奶酪，早餐吃水果或喝酸奶。有段时间，日本流行节食减肥，倒不如多学习一下法国人营养均衡的饮食习惯。

另外，法国人喜欢通过散步、郊游、骑自行车等活动身体。在日本，如果要运动的话，人们一般会去健身房，但法国人不愿意把钱花到那种封闭的狭窄空间里。

向忙碌的人推荐炖煮料理

我在为顾客制作常备菜时，经常会准备两种：适合冷藏和冷冻保存的。和食口味清淡，食材新鲜大多只需微煮，需要尽早吃掉，做好后建议放在冷藏室里。而法国料理炖煮得很透，适合冷冻保存。

我感觉，在家里做饭时，如果选做法国料理的话，相应会轻松一些。这并不是因为我长年制作法国料理，而是做法真的很简单。

蔬菜三两下切好，肉提前用热油煎一下，放入葡萄酒或西式高汤直接煮；或事先把肉腌制好后，放进烤箱里烘烤。利用等待食物做好的时间，可以陪孩子玩耍，或折叠收纳晾晒好的衣物。法国家庭常吃这种简单的料理。如果工作忙碌、时间紧张的话，你可以试试炖煮料理，吃不完的话冷冻起来，方便下次食用。

食材少也不慌张

每次我去不同顾客的家里工作时，总会遇到各种各样的状况：有的家庭刚收到了老家寄来的一大箱土豆，有的家庭赶上超市特价一口气买了很多西红柿，有的家庭因为无暇购物没有准备任何生鲜肉类，但肉食罐头、火腿肠却攒了一大堆……

这些大家估计并不陌生，每个人可能都会有类似的体验。当食材种类很少时，我会好好斟酌菜单，看看怎么才能变着花样去做，尽量不让顾客吃腻。

食材少时，我会先在脑海里想象一下料理风格，像和食、中餐、西餐、东南亚料理，有时也会顺便考虑下甜点。根据想到的料理风格，我会适当选用不同的烹饪方法，比如拌、煎、煮、炸、焖、烤等。有时我还能从烹饪方法中得到些做菜的灵感。掌握住这套方法后，食材再少也不用慌张。

制作简单的法国料理

我喜欢的法国料理就像家里妈妈每天做的寻常饭菜一样，做起来很简单。邀朋友来家里小坐时，如果用法国料理招待的话，就不用一直站在厨房里忙来忙去；做好后盛在大盘子里“咚”地摆到餐桌上，豪华体面。我能体验为大家切分的乐趣，大家也可以尽兴取食。

而且，最重要的是，每个人都只用一个盘子盛放食物，清洗工作量也不大。前菜吃完后，若盘底残留有汤汁，就拿块面包蘸取干净；主菜端上桌后，直接盛在擦干净的盘子里，然后也可以放饭后甜点。所以说，一个盘子就足够应付一顿饭。日本料理比较重视餐具，会摆上各种小碗小碟，清洗起来很麻烦。我建议大家偶尔做顿法国料理，让自己好好放松一下。

法国料理常用食材

法国料理有很多特别的食材，但我觉得没必要花大价钱买。

想用菊苣做奶酪焗菜时，不妨试试大白菜；想吃盐焗蜗牛的话，就用墨鱼或螺蛳肉代替；兔肉可以换作口感和味道近似的肉，比如鸡肉等。

但有些食材，像葡萄酒、黄油、淡奶油、芥末酱、番茄罐头、盐渍凤尾鱼、续随子、橄榄果等，家中若能常备一些，做法国料理时就会方便很多。

法国料理基本是用盐、胡椒粉调味。妈妈们再备些像上面提到的食材，就能自由地变换味道。在日本，葡萄酒和料酒一样越来越容易买到，番茄罐头也很便宜。如果觉得黄油、淡奶油味道太重油腻，吃不习惯，可以用橄榄油、牛奶代替。

简单≠偷懒

我去顾客家做饭时，整整三个小时内都在不停地忙活；而在家里准备一日三餐时，每次顶多花三十分钟。

时间紧张的情况下，虽说只能做些简单的料理，但绝不会偷工减料。食谱、食材尽可能简化，抓住要点，认真操作，还有一点很重要就是要安排好步骤。比如，在有些想参考的食谱上，都会先交代蔬菜、肉类的预处理方法，我不会一板一眼地去照着做。

我在处理食材时，会考虑加热顺序，边切边开火，边做菜边准备。安排好步骤，有条不紊地进行，花在做饭上的时间就会缩短很多。轻松等于开心。如果你能尽可能简单地做出美味的食物，就会觉得做料理其实很快乐！

聊聊鲜味

市面上卖的酱汁，一般会添加增鲜调味剂。蕴含其中的鲜味，正是料理鲜美可口的要素，我们想凸显鲜味的话，就要减少盐量。使用各种调味料兑制酱汁时，鲜味要另行加入或补充。而实际在做料理时，烹饪食材的过程中鲜味自然就会产生。

做法式炖煮料理时，我们可用红葡萄酒、白葡萄酒炖煮，也可加番茄罐头或高汤炖煮，虽然用的调味品形形色色，但基础都一样，就是先用盐、胡椒粉给生肉调味，然后（沾裹面粉）略微煎烤，最后倒入葡萄酒或水一起炖煮。

提前煎肉是为了让肉质更嫩，同时锁住肉汁，口感会更好。而锅底粘留的肉汁饱含鲜味，浪费掉有点可惜，不妨直接融入汤中做成酱汁。肉、蘑菇等食材富含鲜味，煎烤时若能巧妙地将鲜味有效诱发出来，会更好吃。

据我了解，很多人在煎烤肉时总忍不住想拿筷子来回翻动。若想吃到美味的食物，还请大家耐心等待肉上色。只要倒入足量的油，火再大食材也不会轻易烤焦，这点大可放心。但为防止火焰不均造成上色不匀，请注意时不时调整肉的方向。

煎烤一段时间后，可以先翻开一块看看是否变为金黄色，是的话就将剩余的也翻个儿继续煎。如果煎烤时不停翻动，烤出来的金黄色不匀，肉的水分和鲜味流失，肉质会变硬，影响口感。

大家只要稍微在烹饪上下点功夫，说不定能做出更愉悦味蕾的饭菜。

香草等香辛料的用法

有的顾客家里储备了很多种香辛料，却没有几个人能熟练地使用。这也许是因为日式家庭料理中不太常用到。

不过，家里若常备几种自己喜欢的香辛料，做饭时就可以顺手拿来调味，让味道更丰富。我常备的是孜然粉、香菜粉、咖喱粉、彩椒粉这几样。香草的话，我常备干燥的百里香和月桂叶。我还曾在花盆里种植过百里香、迷迭香、薄荷、罗勒。

新鲜的香草芬芳浓郁，但在市场上不易买到，且价格太贵，我们不妨拿香菜叶、香芹叶、茼蒿来代替。这些常见的蔬菜同样带有香味，也实惠，我们揪几片切碎后拌在肉团子或可乐饼里，味道就会发生变化。

油炸食品要少油

我在炸食物时，习惯使用少量的油慢慢煎炸。

在我的印象中，如果家里没有食欲旺盛、正在长身体的孩子，那么顾客一般很少会准备专供油炸的油。用煎炸做出来的食物油分不太大，不擅长做油炸或是偶尔才吃的人不妨试一试。

只不过，我们在煎炸时，因为油量少，油温要调低一些，耐心等待，确保食材内部熟透。在单面还未煎出漂亮的金黄色时，不要轻易翻动，尤其是做炸鸡块时，外面常会沾裹较厚的面衣，未凝固前一碰的话很容易脱落。因此，一定要沉住气，让食材一面充分过油加热后再翻个儿，起初即便粘在一起，加热后也能简单分开，不用太担心。

推荐焖

我很想给大家推荐的一种烹饪方法就是“焖”，往锅中加入少量水，盖上锅盖，用小火慢煮。具体做法是，将切成大块的卷心菜、洋葱片、胡萝卜块、土豆块、培根、烤肠等交替放在锅中，倒入少量白葡萄酒，放入高汤料，盖上锅盖，小火炖上30到40分钟。刚下锅的蔬菜乱蓬蓬的很占空间，若是锅盖不严也不要紧，蔬菜煮熟后量会减少。它主要是用白葡萄酒和蔬菜自带的水分来焖煮，与法式蔬菜汤的做法类似，蔬菜、培根的鲜味不会流失。

油封很简单

另一种想推荐给大家的烹饪方法是“油封”，做法很简单，一般就是用橄榄油煮，将经盐、胡椒粉腌制后的食材放进低温油锅里煮熟。

油分需要没过食材，开小火慢煮，比油炸更易操作，用过的油还能拿来做其他料理。食材的水分经油煮后会完全蒸发掉，鲜味被牢牢锁住，比煎烤的味道更鲜美和柔软。带骨鸡肉、五花猪肉块等不易散的肉块很适合油封烹饪。

冷冻的带骨鸡胸肉在超市就有售，价格很便宜，我每次都会多买一些做油封。油封的食物耐保存，好做，可以多做一点放冰箱里，当常备菜。除鸡肉外，鱼肉、蔬菜也适合油封烹饪。不过在法国，很容易就能买到好吃实惠的油封食品，所以现在很少有人会在家里专门制作。

（日式）出汁和（西式）高汤

像做和食离不开出汁一样，做西餐时一定少不了高汤。不过，作为味道基础的高汤，无论和食、西式还是中华料理都可以使用。

我在工作时发现，很多顾客家中会常备些鲣鱼节出汁或中华料理专用的鸡汤，但很少常备西式高汤。

在法国料理的食谱中，大家常会见到“高汤”和“清汤”两个词。市面上卖的高汤料大多是用牛骨熬制的精华。清汤有鸡肉清汤、猪肉清汤等，就是用鸡肉、蔬菜熬制的汤汁。市面上卖的高汤风味不一，种类繁多，大家可以挑选适合自己口味的尝试一下。

25 卷心菜炖猪肉

做法简单，只需将少量白葡萄酒和蔬菜放入锅中炖煮，味道鲜美浓郁。除了猪肉，法国人还会用珍珠鸡（比普通鸡肉干韧、野味较重）来制作。

材料（4人份）

猪里脊肉 —— 400克
培根（厚薄均可）—— 80克
卷心菜 —— 1/2个
洋葱 —— 1个
胡萝卜 —— 1根
白葡萄酒 —— 200毫升
水 —— 200毫升
西式高汤肉 —— 1块
百里香、月桂叶 —— 各适量
橄榄油或色拉油 —— 适量
黑胡椒粉 —— 适量
盐、胡椒粉 —— 各适量

这样做——

1 用平底锅热油，将均匀抹过盐、胡椒粉的厚猪肉片放进去，两面烤成金黄色后取出。
2 直接往煎过肉的平底锅里倒入50毫升白葡萄酒，将粘在锅底的肉汁凝块铲下来，一同移入煮锅。
3 将切成大块的卷心菜、洋葱片、胡萝卜圈铺在锅里，依次放入煎好的猪肉，倒入剩余的白葡萄酒、水，放入高汤肉块、百里香、月桂叶，用小火煮45分钟左右。
4 将煮熟的食材装盘，撒上黑胡椒粉调味。

小贴士 蔬菜水分溢出前容易粘锅，请注意观察或调整火候。

将厨房变为开心的场所

我租住的古民居已有六十多年房龄，厨房不大，但我很喜欢这个狭窄却温馨的空间。墙壁上的绿松色壁纸是刚搬进来时贴的，不仔细看的话，可能会被误认作颇有年代感的瓷砖，亮丽的颜色将厨房衬得很活泼。

头顶上方的置物架上摆放的竹篮，是我在法国留学时淘到的，平时拿来收纳零散物品。法国原装清洁剂用完后，我舍不得扔掉原装瓶，每次新买的清洁剂就倒进瓶里。冰箱上贴的纸条多是从法文杂志上剪下来的，做饭空闲时就看几眼学习一下。站在自己精心打造的厨房里，感觉心情愉悦，做起料理来也充满动力。

炊具也可以代替

我在家里常用烤箱和微波炉，但有的顾客家里并未置办，没有的话也不用发愁。需要做烤肉卷、烤牛肉时，就把肉放在平底锅或普通的锅里，盖上锅盖充分煎透。想做奶酪焗菜的话，先使食材熟透，盛在耐热器皿里，然后撒上奶酪，用烤鱼架或烤吐司机将表面的奶酪烤化即可。没有专用蒸锅也没问题，往平底锅里倒些水，盖上锅盖蒸。专门蒸米饭的电饭煲也能拿来炖煮食物。所以说，烹饪器具不用买太多，只要有几样自己用惯的，必要时都可灵活代替。

VERT
AMANDE

第一次上电视节目

2017年2月3日“节分日”的当天，我初次参演的《沸腾Word 10》正式播出。

我第一次接到节目制片人的邀请时，心想：“为什么会选我？”但转念一想：“反正就是在电视上露一下面，聊作人生纪念吧。”便答应了。“跟平时一样就行，保持平常心。”虽然制片人一再体贴地嘱咐我，但一想到自己要出现在电视镜头里，整个人就很紧张，录制前一晚都没有睡好觉。

拍摄当天，我先在车站和工作人员碰头，然后工作人员一路跟拍。途中被路人盯着看，我感觉很不自在，有点担心接下来的正式拍摄能否顺利进行。

站在厨房里，在料理摄影开始前，双手仍紧张得抖个不停。不可思议的是，一旦录制开始，自己也像切换模式般，照着平日里做饭的样子，一步步有条不紊地推进，还好没出现什么大问题，三个小时的录制很快就结束了。

在节目播出前，我事先告知了亲朋好友，但有点不好意思，不太希望大家看。播放当天，罗曼要去外面工作，我一个人在收看节目时，感觉比站在镜头下录制时还要忐忑，心脏怦怦直跳，仿佛快要跳出来。

我目不转睛地紧盯屏幕，内心却五味杂陈：如果让爸妈早点知道我现在的工作就好了。爸妈好不容易送我出国留学，我却辞去了法国料理餐厅的工作，悄悄做起了上门料理人。爸妈通过电视才得到女儿的情况，心里是什么滋味，我都不敢去想……

出版社发来的邮件

节目播出后的第二天，我收到了钻石出版社的编辑发来的一封长长的邮件。内容大概是，看过昨天的节目后很感动，想帮我出书……

当时我其实还不太相信自己竟然上了电视，突然又有出版社提出帮我出书，更感觉如在梦境中一般。对方说什么也要和我见一面亲自聊聊，我便和对方约了时间，将至今一路走来的经历都讲了一遍。

“自己真的能出书？”我起初半信半疑，但转念间就决定不如试一试。从年轻时，自己几乎每天都读法国料理书。不过，我看的都是有年头的老书，并不是受时人追捧的主流料理。

在读这些书时，我就想让更多的人了解温暖的、令人安心的法国家庭料理，让更多的人知道法国原来存在这么丰富多彩的饮食文化。尽管我明白，这些想法可能跟不上时代的节奏……

我对法国家庭料理的热爱和学习终会伴随我的一生。当我变成一位步履蹒跚、满头银发的老婆婆时，该怎么总结自己的人生呢？我想，像那些古旧的料理书一样，寄托于文、诉诸书应该是最合适也最精彩的方式。

问题是，我并不懂该如何写书。而且，我一厢情愿觉得好的，能得到多少人的认可和支持呢？但我仍未退缩过，默默地抱着这些听起来很幼稚的想法，坚持将最爱的法国家庭料理做到了现在。

此刻，出书的机会突然就来到了面前……

第一本书

做书从零开始，一切都是摸索尝试。

责任编辑寺田先生也是第一次负责料理类的书籍，但不知为何，我没感到不安，因为我能感觉到他的干劲和对这本书倾注的热情。

很快，他帮我寻觅到了一位叫Kusaba的执笔人。巧的是，Kusaba曾编写过辻调理师专门学校的教材。Kusaba又帮我介绍了编辑、策划料理书的二宫先生。接着，负责造型的中安、摄影的新居、装帧设计的白石等几位相关人员也都先后定了下来。

我对出书流程一窍不通，猛然间有这么多做书前辈围在我身边，写书过程中的所有体验对我来说既新鲜又宝贵。当时我怀着孕，大家很照顾我的身体，凡是我有疑问的地方都会耐心解答。更让我感到欣慰的是，我对料理的一家之见也得到了大家的理解和尊重。

摄影持续到孩子出生的当天早上。生完孩子第二天，我便在医院的房间里通过电话和Kusaba一起确认了文稿。

做书的那段时光无比充实，温暖，兴奋，激动，喜悦。那本书（《志麻的基础家庭常备菜》钻石社2017年9月出版）对我来说十分珍贵，因为那是我和肚子里的宝宝一起做的书，是和我尊重的前辈们协力打造的书，也是自己人生中的第一本书。

新的挑战

第一本书出版后，电视节目、后续图书策划，甚至与品牌、企业的合作等等，各种工作纷至沓来。

比如，千叶县白井市特邀我用当地的特产“新高梨”制作料理，还有使用著名调味品公司Kikkoman的主打品牌“本酱汁”、森永乳业的奶油粉（creap）、House食品公司的挤压式调味料等研发食谱……

这些看起来和我的本职工作相差甚远，换作以前，我可能不会接手。而自从当上门料理人后，我有机会见到了很多家庭，认识了不同的顾客。有的人工作忙没时间做饭；有的人对料理感兴趣，可怎么都做不好；有的人根本不擅长做饭；有些人爱吃但无暇去做；每个人的情况都不一样。

但不管是谁，都认为人只要吃好吃的东西就会幸福。“食物塑造人类。”吃进口中的食物，在滋养身体的同时，更能抚慰心灵。我便想，如果能轻松、简单地做出美味料理，或许能帮助更多的人体味到幸福。

在餐厅后厨工作时，我总是固守成规，食材一定要按照标准去切、哪一步该怎么做就一板一眼地照着做，结果思维固化，不懂变通。可

26

千叶县白井市的梨子食谱1
炸梨圈

梨子和猪肉是绝配。利用梨子本身的形状特点切成圈，卷上猪肉片，沾裹面衣后，只需过油炸制。轻咬一口，甘甜的果汁瞬间就会充溢嘴中。

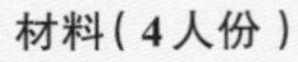

梨子 —— 2个
五花肉片 —— 400～500克
盐、胡椒粉 —— 各适量

◆ 面衣
面粉 —— 适量
面包糠 —— 适量
鸡蛋 —— 2个

◆ 蘸酱
蛋黄酱 —— 4汤匙
番茄酱 —— 2汤匙

这样做——

1. 将梨子横着切成圆圈，去掉梨核及中间较硬的部分，把猪肉片均匀缠在梨圈上。
2. 撒上盐、胡椒粉，依次沾裹面粉、蛋液、面包糠，下热油炸熟。
3. 将蛋黄酱、番茄酱混合，制成酱，食用时适当蘸取。

我用的是“新高梨”，水分较少。大家往梨圈上卷肉片时，为防止松散，边绕圈边稍微用力抻拉缠紧。

材料（4人份）

猪肉（猪腱肉或五花猪肉块）
—— 1.2千克
面粉 —— 2汤匙
盐、胡椒粉 —— 各适量
梨子 —— 2个
红葡萄酒 —— 1瓶（700毫升）
水 —— 适量（没过食材）
西式高汤卤块 —— 个
蜂蜜（或砂糖）—— 1汤匙
百里香 —— 一小撮
月桂叶 —— 1片
色拉油 —— 适量

◆ 土豆泥

土豆 —— 4个
牛奶 —— 200毫升
黄油 —— 20克

这样做——

1 将猪肉切成大小合适的块状，撒上盐、胡椒粉腌制后，适当蘸些面粉，放入平底锅，用少量油将表面煎至上色。

2 梨子削皮，切成8等份，和红葡萄酒一起放入干净的锅里，将煎好的猪肉连平底锅底粘留的精华一并铲下来移入锅中，加入水、高汤卤块、百里香、月桂叶、蜂蜜，开火煮至食材发软。

3 制作土豆泥。土豆去皮，切成合适的大小，用水煮软后，捞出沥干水分，拌入牛奶、黄油。

4 将煮好的红酒梨子猪肉和土豆泥盛入餐具，搭配食用。

炖煮时，待汤汁熬到只剩下1/3的量、食材变得有光泽时就可以了。

27

千叶县白井市的梨子食谱2

红酒梨子炖肉

用红葡萄酒炖煮水果在法国很常见。日本本土的梨子果肉较软，能充分吸收猪肉的鲜美，惹人垂涎。

28 千叶县白井市的食谱3
山药可丽饼

山药可丽饼外观素朴，味道软糯劲实。

材料（4人份）

山药 —— 50克
牛奶 —— 50～100毫升
面粉 —— 100克
鸡蛋 —— 1个
砂糖 —— 30克
黄油 —— 15克
蜂蜜 —— 适量

这样做——

1 将鸡蛋磕入盆中，撒入砂糖，搅拌至发白状态。
2 倒入搅成泥的山药、牛奶，混合均匀后，加入面粉。
3 倒入融化的黄油，划切搅拌后，按喜好的大小适量分次倒入平底锅，两面分别煎2分钟，至煎透并上色。
4 盛入盘中，淋上蜂蜜。

要想让山药可丽饼尝起来更劲道软嫩，搅成泥再用研钵研磨，充分搅拌。

是，在去顾客家里做饭后，我才意识到，每家的餐桌情况都不一样，之前的那些规格化的“讲究”根本无法适用。每家每户储备的食材不同，料理器具不一，想要在相同的条件去准备料理，一点都不切实际。因此，食谱、做法都要尽量简单化，哪怕食材、器具不一样，只要抓住关键点，做出来的味道也不会差。

如果能简单轻松地做出美味的料理，那么烹饪就会变得更加有趣，享用食物也会变得更加愉快。一家人围坐餐桌旁欢声笑语地享受就餐时光。

在法国料理餐厅工作时，我把餐厅当作自己开的店，全身心地投入其中。后来我才发现，这个想法很幼稚：餐厅自始至终都是主厨才配拥有的，所有曾与我一起工作过的人都在默默忍让着、“纵容”着任性倔强的自己……

而现在，当我以自己的名义去独立工作时，所有的一切都需要一个人承担，有责任、有压力，但离心中的梦想越来越近……

那一天选择逃离的自己是最不可得到原谅的。我很清楚，自己“背叛”了很多人，给他们添了多少麻烦，从心底深表歉意。但是，我只能这么做。虽然失去了很多东西，但若没有那一天，就没有此刻的我。正是因为之前的坚持与付出，才有现在的工作。不过，这些都是我最近才慢慢想通的。

因为笨拙，我无法直线前行，遭遇过很多挫折，也走了一些弯路。但法国家庭里那种洋溢着温馨氛围的餐桌日常，正是我憧憬并不懈追求的。

至今仅做过料理的我，今后只能也仍要和料理为伴。太多太多的人给予我珍贵的机会，让我得以吐露心声，通过料理传递炙热的理想，感激之情无以言表。我非常感谢每一个人的宽容、支持和理解，因为有大家在，才有今天的自己。

Chapter 9

学习如何跟孩子相处

育儿

我在本书开头曾提到，妈妈是一名护士，每天都忙着工作。不过，我和姐姐并没有因为妈妈不常在身边而觉得孤单，反倒是望着妈妈辛勤忙碌的背影时，心里都会感到很骄傲。

每逢休息日时全家人就会一同外出游玩，妈妈只要有空都会陪我尝试体验各种事情。我对凡事抱有好奇心或感兴趣，应该说离不开这些经历。

妈妈除了教我做饭，像打扫、洗衣、熨衣等也都会耐心地指导，所以我很早就掌握了这些基本的生活技能。

我之所以能够了解法国文化，并毫无违和感地接受它，也许是因为父母的教育方式与法国的育儿方式有相似之处。

法国社会以成熟稳重的大人为中心，不允许孩子太过任性。我从小就和父母分开睡，旅行时也都是自己单独一个房间。偶尔有事出门时，我和父母大都单独行动，不怎么相互干涉。

父母和孩子都是单独的不同个体。若是孩子一直黏着父母，父母可能会感觉很烦；若是父母总陪在孩子身边，孩子也不会觉得轻松。爸妈应该就是出于这些考虑，才给了我很多自

由的空间吧。

我听说，有些年轻的爸爸妈妈，常会在是否要陪宝宝一起睡的问题上发生分歧。法国人通常会让孩子自己睡，我也很赞同，并不怎么担心。

儿子出生后，每当犯困想睡觉时，我便把他抱到自己的房间，关上灯，等他静静睡着，睡不着时便放些音乐给他听。在一天天不断重复中，儿子很快就养成了熟睡的习惯。现在儿子长到一岁，一到休息时间，我把他领回房间后，不到五分钟就能酣然入睡。

孩子养成健康的作息规律，大人的自由时间也相应增多，没有什么压力，可谓一举两得。不过，当儿子能自由活动后，我不自觉地就想时刻紧盯，生怕出什么意外。当儿子要从沙发上掉下来时，我总是一个箭步冲上去抱住他，嘴里不停地安慰“危险危险”“宝宝不怕，不怕”……罗曼每次见状都会说：“根本不用那么紧张啊，开口一说孩子自然会明白。”

然后罗曼就向儿子解释，他就乖乖地听，最后丈夫总会得意地说：“你看，没错吧？”类似的事情在我家经常发生。

法国人对孩子的管教十分严格，但若孩子做得不对，并不会去大声训斥，而是采取对话的方式慢慢沟通，让孩子自己能够反省，孩子听懂后还会道一声“谢谢”。我感觉，法国人在面对孩子时，似乎就是将孩子当作大人来平等对待。罗曼虽然也是第一次养孩子，却持有自己的一套育儿观，这点让我很佩服。

因为工作忙碌，我们偶尔会请法国朋友来家里照顾孩子。有的朋友虽年纪轻轻，但意外得很靠谱，常会告诉我孩子不该纵容的地方就绝不能心软。法国人动不动就喜欢喊亲朋好友聚餐，那时肯定要照顾亲戚们的孩子，自然而然就学会了怎么教育孩子。我往往能从他们身上学到很多。

辅食

虽然买了不少辅食的书，但是不怎么使用的人应该有很多。一提到做辅食，妈妈们大多会紧皱双眉，感觉像是如临大敌。以我儿子的经历来看，他吃辅食的时期非常短。

法国人常会用蔬菜泥给孩子当辅食，最初只有一种，慢慢地会增加种类，变着花样来做。蔬菜泥是用每天常吃的食材做的，确定有无过敏反应后，就可以作为辅食了。

再小的孩子也想吃好吃的食物。大人觉得好吃的食物，我也想让孩子尝尝。话虽如此，刚开始不建议喂孩子太硬或盐分太大的食物。但我没有专门给儿子做跟大人不同的食物。比如，每天我都会把我们吃的饭菜留出

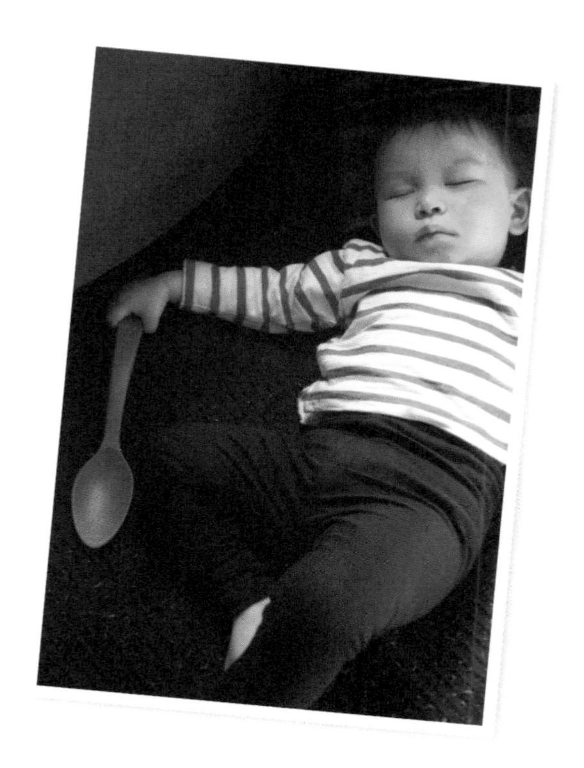

来一小部分，单独再煮得软一些，用勺子捣成泥后再让孩子吃。

我会认真观察孩子吃饭时的样子，推测饭菜是硬是软，合不合口，如果这次比较硬，那下次就再切小一点或是弄软一些。

对孩子来说，和大人吃一样的食物，一边说“真好吃”，并很自然地得到大人的点头赞同，就会感到开心。

我想让儿子一起尝尝像法式蔬菜汤这类炖煮食物时，尽量做得清淡些，不放香辛料，大人吃的时候就蘸些盐或芥末酱。蔬菜和肉剩余时，我就淋上蛋花勾芡做成盖饭给儿子吃。

我很欣慰的是，儿子对吃似乎很感兴趣，每次都吃得很香。虽然是才一岁的小男孩，但早就喜欢上了过家家煮饭饭的游戏，这会不会是从出生就一直跟在妈妈身旁看做饭的缘故呢？

瞧，他在睡觉时小手里还紧紧攥着木勺玩具！

29 一岁儿子最爱吃的料理 鸡肉蔬菜汤

孩子满一岁后能用小手抓食，为了让他学着独立吃饭，我常常会做他最爱吃的鸡肉蔬菜汤，其中有炖得软软的鸡翅根和小块蔬菜。儿子很喜欢吃胡萝卜，每次都会多给他盛些。鸡翅根多煮一会就能变得软烂，打碎后方便进食。考虑到营养均衡，我一般都会添些西蓝花、菠菜等。

材料（3人份）

鸡翅根 —— 6个
胡萝卜 —— 2根
洋葱 —— 2个
白萝卜 —— 1/8根
南瓜片 —— 2~3个
土豆 —— 1个
西兰花 —— 1/4棵
西式高汤卤块 —— 1个
培根 —— 2~3片
盐 —— 适量

这样做——

1 将胡萝卜、洋葱、萝卜均匀切成一口大小，给鸡肉轻抹上少量盐后放置片刻。
2 将步骤1中的食材放入锅中，开火炖煮，沸腾后撇净浮沫，加入高汤卤块，继续炖煮至食材变软。
3 南瓜片、土豆、西蓝花均切成小块，添入锅中，最后撒入切碎的培根。

和孩子一起吃的炖煮料理，要少盐，尽量保持清淡，大人吃时可以蘸盐或芥末酱。

30 辅食
食材丰富的亲子盖饭

盖饭可以当作辅食，不过需要注意的是，鸡蛋的量和饭量要根据宝宝的月龄适当调整，避免引起不适。

做法式蔬菜汤时，煮得软软的蔬菜如果有剩余，加些“魔法”就能变身为其他可口的饭菜。西式高汤较为清淡，可做成咖喱饭、奶油炖菜或和风料理。

材料（2～3个宝宝的分量，具体根据情况调整）

吃法式蔬菜汤时剩下的蔬菜和肉

煮汤 —— 1勺左右

鸡蛋 —— 2个

米饭 —— 1小碗

这样做——

1 将剩余的食材切成小块，和煮汤一起加热。

2 淋上蛋液勾芡，盛在米饭上。

小贴士 注意把蔬菜和肉切成适合宝宝食用的大小。

蔬菜泥

法国人的饮食中好像没有“粥”，宝宝第一次吃的辅食常常是蔬菜泥。

一开始，为了让小孩子记住各种蔬菜的味道，看孩子喜不喜欢，就先选一种蔬菜做。做法简单，基本上就是将蔬菜煮软后捣成泥。法国人不会为宝宝专门准备蔬菜泥，往往利用大人们吃的饭菜制作。像土豆、胡萝卜、西蓝花、豌豆等，都可以做成蔬菜泥。法国人从小吃这些蔬菜，所以长大后也仍喜欢吃。

土豆泥算是当之无愧的“蔬菜泥之王”。刚去法国留学不久，我在法国大众餐厅里吃饭时，常会看到其他顾客不管是吃煎牛排还是烤羊肉，或是其他食物时，盘子里大都佐有土豆泥，大家吃得很尽兴。凡是味道浓郁或水分较大的蔬菜，都会搭配土豆泥一起吃，土豆泥类似于主食米饭。用土豆泥做的煎肉卷、沙拉，也很受孩子们欢迎。

做蔬菜泥的方法有很多，焯或加入少量水蒸煮，之后用料理机打碎搅匀即可。如果不嫌麻烦，将煮好的蔬菜盛在滤筛里，稍微控一下水分，蔬菜泥的口感会更加醇厚。蔬菜泥较稠时，可以用牛奶、淡奶油略微稀释。如果觉得蔬菜泥味道单调，也可根据个人喜好，加入罗勒、薄荷、香菜等香辛料和黄油、橄榄油等。

法国人除了会在吃烤肉、煮鱼时搭配土豆泥，也常用土豆泥制作其他料理。例如：

31 使用土豆泥做的食谱
土豆泥煎肉卷

土豆泥本身没有怪味，可拿来搭配各种料理。每次轻轻松松就能做很多，剩下时可以冷冻保存。土豆泥能单独配菜吃，或是拌黄油、蛋黄酱简单调一下味道。

材料（4人份）

土豆泥 —— 8汤匙
五花猪肉 —— 8片
面粉 —— 2汤匙
色拉油 —— 1茶匙
酱油 —— 2茶匙
味淋 —— 1茶匙
砂糖 —— 1茶匙

这样做——

1 制作土豆泥（请参考第177页步骤3），将土豆泥团成细棒状，裹上猪肉片，均匀撒上层面粉。
2 放入平底锅中，用油将肉煎熟并烧上色后，倒入用酱油、味淋、砂糖做成的混合调味料，充分沾裹使入味。

猪肉煎得太过就会变硬，火候不要太大。猪肉柔软的话，孩子吃起来也方便。

奶酪焗菜：土豆泥与用肉酱或咖喱粉炒过的碎肉末混合，用烤箱或烤吐司机烤。

沙拉：土豆泥拌沙拉酱、火腿、三文鱼等。

可乐饼：只用土豆泥，或掺些奶酪、培根，然后油炸。

咸派：放些土豆泥，口感更丰富。

馅饼：土豆泥掺上少量面粉直接煎烤。

蛋糕：搭配专门做蛋糕的面粉，做法很简单。

意大利面：用牛奶或淡奶油将土豆泥稍微稀释后，就能变为香醇的奶油沙司。

调味汁：倒入调味汁搅拌，味道不足的话，再添些醋、油。

汤品：加入牛奶或西式高汤料。

咖喱：添些其他蔬菜，再放入咖喱卤块或咖喱粉，就能做出黏稠浓郁的咖喱汤。

食育

在法国，很多男人也喜欢做料理。原因主要有两个：一是法国人经常邀请朋友来家里小坐，二是法国不像日本那样有很多便利店或餐厅，无法轻松买到现成的食物，所以常在家里亲自下厨招待客人。

除了早餐，法国的侄子侄女们，平时都不允许吃甜食，但休息日经常和妈妈一起动手做点心。这样做非常有意义，在教孩子们了解手作美味的同时，还能让他们体验到亲手制作的乐趣。

最近我听客人说，喜欢做饭的日本男生越来越多，二十年后日本的社会分工说不定会发生很大的改变。

我还注意到，法国人在吃饭时，小孩子和大人一样，都会规规矩矩坐在椅子上吃同样的饭菜。每次儿子吃完饭后，我都会习惯性地将他从椅子上抱下来，让他去一旁玩；但罗曼总会阻止我或是再把孩子抱回椅子上，让他陪着大家把饭吃完。

我在法国的餐厅里，偶尔会遇到带孩子外出就餐的家庭，很多孩子在吃完饭后就坐在椅子上读书或是静静等待，而不会到处乱跑。每次看到时，都暗暗佩服那些孩子们的乖巧，现在才意识到，那种安静本分、不给旁人添乱的态度应该就是从日常餐桌上习得的。

我对儿子的期待

儿子妥妥地继承了我和罗曼各自的基因，清秀的面容像极了爸爸，执拗的性格很随我。细想的话，其实自己身上也遗传了父母两人不同的因子，一代又一代的生命就这样传承并延续下去。

用一个词来描述罗曼的话，就是“真诚”。我想让孩子也能像爸爸那样纯粹、认真、执着，遇到自己喜欢做的事或心仪的对象时，坦诚积极地去追求。出于这一美好的愿望，孩子的名字里便有了一个“真”字。名字一旦定下来，就会伴随一生。我的旧姓是“岩崎”，但在学校或往医

院看病时，常被别人误喊作“岩下志麻”(日本著名女演员)，淘气的男孩子们还拿“志麻”开玩笑，强行给我加了一个“斑马裤”的外号(志麻发音shima，和“缟”发音相同，而“缟”则意为斑马纹)，我每次听到都很气愤和伤心。不过，我很感谢父母给我起的名字里有“志”字，志向、理想、心愿，全都蕴藏其中，寓意美好，我便也把它放在了孩子的名字里。

我自小在日本出生长大，第一次前往法国时，才发现人与人之间的思维、观念差别甚远，内心受到了不小的冲击。日本社会里有一种趋流合群的观念，比较在意世俗的眼光，大人也总是教育孩子不要出格、别人怎么做自己就学着做。可我偏偏从小就不喜欢跟随主流，很讨厌和别人一样，觉得人云亦云、千篇一律的生活十分沉闷。

法国人不在意周围人的眼光，坦荡率直，很重视活出自我，与他们在一起，我感觉更轻松合拍。法国是一个多民族国家，但我希望儿子将来不只把眼光停留在法国，更要看向整个世界，成为一个眼界开阔、心胸磊落的人。

后记

2018年5月21日，日本放送协会（NHK）的新一期《行家本色》播出。我有幸受邀参演，借机回顾了自己一路走来的路程。

迄今为止，我的人生似乎没有什么能讲的，净是些失败、烦恼、困惑、挫折……唯一能够拿出底气挺胸言说的，就属自己对法国料理持久的热爱了。特别是，法国家庭里那种洋溢着温馨氛围的餐桌日常，正是自己憧憬并不懈追求的模样。

话虽如此，放眼现实，随着夫妻都要工作的核心家庭逐渐增多，想要抽出时间好好做顿饭，全家人一起慢慢品尝，变得越来越难。

我心目中的理想餐桌就是，家人、朋友围聚一处，边惬意聊天边享用美食，身处其中的每个人都能体会到幸福的滋味。

我一个人无法改变急匆匆的社会步伐，但我希望能凭借自己力所能及的帮助，让更多的人能悠闲享受用餐时光，让更多人做起料理来更轻松，发现亲手制作料理的乐趣。如果能帮更多家庭营造和找回温暖的餐桌风景，我也会跟着开心。

作为一名上门料理人，我很感谢遇到的每一位顾客，以及活跃在各大媒体给予我耐心指导的工作人员。

我也真诚感谢这本书的热血责任编辑寺田庸二（也是第一本书《志麻的基础家庭常备菜》责编），摄影师三木麻奈，设计师熊泽正人、平本祐子、伊藤翔太，负责宣传的加藤贵惠诸位。从第一次见面善谈策划起，每个人都很认真地倾听我的意见，整个录制、做书的过程让人感觉温暖舒心。我还要感谢兼当经纪人的好友平田麻莉，谢谢一直陪在身边给予我深厚的支持和理解。

最后，我要由衷感谢从小就陪我体验各种事情的父母、姐姐，还有理解我、亲和幽默的丈夫罗曼，健康成长的儿子，以及每一位充满个性、笑声爽朗的法国家人，有你们的不离不弃的陪伴，我才能坚持到现在，接下来的路，我仍想和你们相伴前行。

志麻

图书在版编目（CIP）数据

啊！料理：31个疗愈人生的提案 /(日)Tassin志麻著; 王菲译 .--济南: 山东人民出版社, 2023.6
ISBN 978-7-209-13759-1

Ⅰ.①啊… Ⅱ.①T… ②王… Ⅲ.①菜谱－日本 Ⅳ.①TS972.183.13

中国国家版本馆CIP数据核字（2023）第042357号

啊！料理：31个疗愈人生的提案
A！LIAOLI：31 GE LIAOYU RENSHENG DE TI'AN
［日］Tassin志麻　著　王菲　译

主管单位　山东出版传媒股份有限公司
出版发行　山东人民出版社
出 版 人　胡长青
社　　址　济南市市中区舜耕路517号
邮　　编　250003
电　　话　总编室（0531）82098914
　　　　　市场部（0531）82098027
网　　址　http://www.sd-book.com.cn
印　　装　山东临沂新华印刷物流集团有限责任公司
经　　销　新华书店

规　　格　32开（148mm×210mm）
印　　张　6
字　　数　150千字
版　　次　2023年6月第1版
印　　次　2023年6月第1次
ISBN 978-7-209-13759-1
定　　价　56.00元
如有印装质量问题，请与出版社总编室联系调换。